[美] 阿尔弗雷德·S. 波萨门蒂　[德] 英格玛·莱曼　著

涂泓　冯承天　译

黄金分割

自然与艺术中的美丽结构

U0397468

上海科技教育出版社

图书在版编目(CIP)数据

黄金分割:自然与艺术中的美丽结构/(美)阿尔弗雷德·S.波萨门蒂,(德)英格玛·莱曼著;涂泓,冯承天译. -- 上海:上海科技教育出版社,2024.12.(数学桥丛书). -- ISBN 978-7-5428-8348-3

Ⅰ.O224-49

中国国家版本馆 CIP 数据核字第 2024B2B120 号

责任编辑　赵新龙　卢源
封面设计　符劼

数学桥 丛书

黄金分割——自然与艺术中的美丽结构

[美]阿尔弗雷德·S.波萨门蒂　[德]英格玛·莱曼　著

涂泓　冯承天　译

出版发行　上海科技教育出版社有限公司
　　　　　　(上海市闵行区号景路 159 弄 A 座 8 楼　邮政编码 201101)

网　　址	www.sste.com　www.ewen.co	
经　　销	各地新华书店	
印　　刷	启东市人民印刷有限公司	
开　　本	720×1000　1/16	
印　　张	19.75	
版　　次	2024 年 12 月第 1 版	
印　　次	2024 年 12 月第 1 次印刷	
书　　号	ISBN 978-7-5428-8348-3/N·1242	
图　　字	09-2021-1121 号	
定　　价	80.00 元	

感谢芭芭拉的支持、耐心和鼓舞！

献给我的子女和孙辈——戴维（David）、劳伦（Lauren）、丽莎（Lisa）、丹尼（Danny）、麦克斯（Max）、萨姆（Sam）和杰克（Jack），他们拥有无限的未来。

纪念我深爱的父母——爱丽丝（Alice）和欧内斯特（Ernest），他们从未对我失去信心。

——阿尔弗雷德·S.波萨门蒂

献给我的妻子和人生伴侣萨宾（Sabine），如果没有她的支持和耐心，我是不可能完成此书的。

也献给我的子女和孙辈：马伦（Maren）、克劳迪亚（Claudia）、西蒙（Simon）和米丽亚姆（Miriam）。

——英格玛·莱曼

致　谢

　　我们衷心感谢纽约市立大学(City University of New York,缩写为CU-NY)城市学院(City College)数学荣誉教授恩伯(Michael Engber)博士,他校阅了本书并提出了一些有用的建议。我们还要感谢奥地利维也纳理工大学(Vienna University of Technology)数学教授克朗费勒(Manfred Kronfeller)博士、奥地利格拉茨的卡尔弗朗茨大学(Karl Franzens University)数学教授伯恩德·塔勒尔(Bernd Thaller)博士以及奥地利格拉茨卡尔弗朗茨大学数学教授西格丽德·塔勒尔(Sigrid Thaller)博士。我们非常感谢柏林洪堡大学(Humboldt University)的赫尔维希(Heino Hellwig)撰写了涉及生物学的第6章,以及除此之外提供的建议。我们感谢中央密歇根大学(Central Michigan University)数学教授迪亚斯(Ana Lucia Braz Dias)博士撰写了关于分形的第7章。感谢普尔(Peter Poole),他对全书提出了一些充满智慧的建议。我们要感谢里根(Linda Greenspan Regan)在编辑方面的协助,感谢迪默(Peggy Deemer)在技术编辑方面的非凡专业能力,感谢巴拉德(Jade Zora Ballard)为本书最终定稿。

序　言

几乎没有什么数学概念(如果有的话)能像黄金分割那样对我们视觉和智力生活产生多方面的影响。黄金分割的最简单形式是指将一条给定的线段分割成一个独特的比例,从而使我们得到审美上的愉悦。构成这个比例的方式如下:分割后较长的线段(l)与较短的线段(s)之比,等于原来的整条线段($l+s$)与分割后较长的那段线段之比。这可以写成符号形式 $\dfrac{l}{s} = \dfrac{l+s}{l}$。

让我们考虑一个长为 l、宽为 s、长宽比为黄金分割的矩形。我们称之为黄金矩形。这个名字来源于其形状上显而易见的美,而这一观点得到了来自各种文化的心理学研究的支持。黄金矩形这一形状除了可以在许多著名的古典艺术作品中,也可以在众多的建筑杰作中找到。

当从数值的角度来看待黄金分割时,它似乎渗透到了数学的方方面面。我们选择了黄金分割的各种表现形式,使读者能够领会到数学之美和数学的力量。在某些情况下,我们的努力将为读者打开新的视野;而在另一些情况下,对于一些也许没有从这个不同寻常的特殊视角考虑过的数学领域,我们的努力将丰富读者对这些领域的理解和欣赏。例如,黄金分割比(通常由希腊字母 φ 表示)这个值的独特之处在于它与它的倒数相差 1,即 $\phi - \dfrac{1}{\phi} = 1$。这一不寻常的特性催生出大量令人着迷的属性,并与斐波那契数和毕达哥拉斯定理①这样一些熟悉的主题真正地交织在一起。

在几何学领域中，黄金分割的应用几乎比比皆是，而这些应用的美也是无限的。为了充分欣赏它们带来的各种视觉美，我们将带你经历一段几何体验之旅，其中包括一些相当不寻常的构建黄金分割的方法，此外还要去探索许多有黄金分割嵌入其中的、令人惊讶的几何图形。然而，所有这些只要求读者还记得一些高中的几何基础知识。

现在就请加入我们，让我们一起踏上这趟奇妙的旅程，领略黄金分割的众多精彩表现，从公元前 2560 年开始一直到现在的种种见闻。我们希望在这趟数学之旅中，你会逐渐理解德国著名数学家和科学家开普勒②的名言，他说："几何学中有两大宝藏：其一是毕达哥拉斯定理，其二是黄金分割。我们可以把前者比作大量黄金，后者堪比一颗无价的宝石。"③这颗"无价的宝石"会令我们充实，给我们带来乐趣，会使我们着迷，也许还会为我们打开一扇通往有着意想不到的前景的新大门。

目 录

第1章 黄金分割的定义和作图

与对待任何新概念一样,我们必须首先定义一些关键要素。要定义黄金分割的概念,我们首先必须明白,两个数之比或两个量之比,仅仅是通过将这两个量相除得到的关系。当我们的比是 $1:3$(即 $\frac{1}{3}$)时,我们可以断定其中一个数是另一个数的三分之一。我们常常用比例来对两个量进行比较。有一个非常与众不同的比例是将一条线段分割成两段后所得的长度之比,这使我们能够得出两个相等的比例(两个比例相等称为成比例):分割后较长的线段(l)与较短的线段(s)之比,等于原来的整条线段($l+s$)与分割后较长的线段之比。用符号形式来表示,这可以写成 $\frac{l}{s} = \frac{l+s}{l}$。用几何来表示,这正如图 1.1 所示:

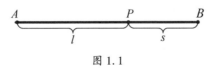

图 1.1

这被称为黄金分割比或黄金分割,在后一种情况下,我们指的是线段的"分割"或分段。**黄金分割比**和**黄金分割**这两个术语最早是在 19 世纪引入的。我们认为,数学家帕乔利(Fra Luca Pacioli, 约 1445—1514 或

1517)是首先使用"神圣的比例"这一说法的人,他在1509年将其作为一本书的书名,而德国数学家、天文学家开普勒是最早使用"神圣的分割"这一说法的人。此外,人们认为德国数学家欧姆(Martin Ohm,1792—1872)最早使用了"黄金分割"的德语形式Goldener Schnitt。"黄金分割"的英语形式golden section是苏利(James Sully)在1875年首次使用的。①

你可能会想,这个比例为什么如此超群出众,以至于配得上用"黄金"来称呼?这一称号,它当之无愧,本书将对此给出清晰的说明。让我们从求出它的数值开始,这将为我们带来它的第一个独特特征。

为了确定黄金分割比 $\frac{l}{s}$ 的数值,我们将这个等式 $\frac{l}{s}=\frac{l+s}{l}$ 或 $\frac{l}{s}=\frac{l}{l}+\frac{s}{l}$ 改写为它的等价形式,当 $x=\frac{l}{s}$ 时,我们得到:$x=1+\frac{1}{x}$。②

我们现在可以用二次方程求根公式来解这个关于 x 的方程,你可能还记得中学时学过这个公式。[对一般二次方程 $ax^2+bx+c=0(a\neq 0)$,求根公式是 $x=\frac{-b\pm\sqrt{b^2-4ac}}{2a}$。这个公式的推导请参见附录。]于是我们就得到了黄金分割比的数值:

$$\frac{l}{s}=x=\frac{1+\sqrt{5}}{2}$$

① 在1875年《大英百科全书》(*Encyclopedia Britannica*)第九版的一篇关于美学的文章中。——原注
② Euclid, *Elements*, book 2, proposition 11;book 6, definition 3, proposition 30;book 13, propositions 1-6. ——原注

这一数值通常用希腊字母 ϕ[①] 表示：

$$\phi = \frac{l}{s} = \frac{1+\sqrt{5}}{2} \approx \frac{1+2.236\,067\,977\,499\,789\,696\,409\,173\,668\,731\,276\,235\,440}{2}$$

$$\approx \frac{3.236\,067\,977\,499\,789\,696\,409\,173\,668\,731\,276\,235\,440}{2}$$

$$\approx 1.618\,03$$

请注意，如果我们取 $\dfrac{l}{s}$ 的倒数，即 $\dfrac{s}{l} = \dfrac{1}{\phi}$，有

$$\frac{1}{\phi} = \frac{s}{l} = \frac{2}{1+\sqrt{5}}$$

当我们将上式两边乘 $\dfrac{1-\sqrt{5}}{1-\sqrt{5}}$（其实就是乘 1），我们就得到

$$\frac{1}{\phi} = \frac{2}{1+\sqrt{5}} \times \frac{1-\sqrt{5}}{1-\sqrt{5}} = \frac{2(1-\sqrt{5})}{1-5} = \frac{2(1-\sqrt{5})}{-4} = \frac{1-\sqrt{5}}{-2} = \frac{\sqrt{5}-1}{2} = \frac{\sqrt{5}+1}{2} - 1 = \phi - 1$$

$$\approx 0.618\,03$$

但是，此时，你应该会注意到一种极不寻常的关系。ϕ 和 $\dfrac{1}{\phi}$ 的值相差

1。即 $\phi - \dfrac{1}{\phi} = 1$。由通常的倒数关系，$\phi$ 和 $\dfrac{1}{\phi}$ 的乘积也等于 1，即 $\phi \cdot \dfrac{1}{\phi} = $

1。因此，我们的两个数字，ϕ 和 $\dfrac{1}{\phi}$，它们的差和积都是 1——这是符合这

[①] 有理由相信，之所以使用字母 ϕ，是因为它是希腊著名雕塑家菲狄亚斯（Phidias，约前 490—前 430）名字的首字母，他的名字写成希腊语是：ΦΕΙΔΙΑΣ 或 *Φειδιας*）。菲狄亚斯制作了奥林匹亚神庙中的著名宙斯雕像，并督造了希腊雅典帕台农神庙。他在这座辉煌的建筑中频繁使用黄金分割比（见第 2 章），这可能就是用他的名字来表示黄金分割比的原因。我们必须说明，没有直接证据表明菲狄亚斯是在有意识地使用黄金分割比。

美国数学家巴尔（Mark Barr）大约在 1909 年首次使用字母 Φ［参见库克（Theodore Andrea Cook）著，《生命的曲线》（*The Curves of Life*，New York：Dover，1979），第 420 页］。需要注意的是，有时你会发现小写的 ϕ，但在不太常见的情况下也会发现希腊字母 τ，即 $\tau o\mu\eta$ 的首字母，这个词的意思是"切割"。——原注

一条件仅有的两个数！顺便说一下，你可能已经注意到

$$\phi+\frac{1}{\phi}=\sqrt{5} \quad \left(因为 \frac{\sqrt{5}+1}{2}+\frac{\sqrt{5}-1}{2}=\sqrt{5}\right)$$

在本书的叙述过程中，我们会经常提到方程 $x^2-x-1=0$ 和 $x^2+x-1=0$，因为它们在黄金分割的研究中占据着中心位置。如果读者想强化一下这部分知识，我们可以看到 ϕ 的值满足方程 $x^2-x-1=0$，这可以从以下计算过程明显看出：

$$\phi^2-\phi-1=\left(\frac{\sqrt{5}+1}{2}\right)^2-\frac{\sqrt{5}+1}{2}-1=\frac{5+2\sqrt{5}+1}{4}-\frac{2(\sqrt{5}+1)}{4}-\frac{4}{4}$$

$$=\frac{5+2\sqrt{5}+1-2\sqrt{5}-2-4}{4}=0$$

方程 $x^2-x-1=0$ 的另一个解是

$$\frac{1-\sqrt{5}}{2}=-\frac{\sqrt{5}-1}{2}=-\frac{1}{\phi}$$

而 $-\phi$ 满足方程 $x^2+x-1=0$，这可以从以下计算过程看出：

$$(-\phi)^2+(-\phi)-1=\phi^2-\phi-1=\left(\frac{\sqrt{5}+1}{2}\right)^2-\frac{\sqrt{5}+1}{2}-1=0$$

方程 $x^2+x-1=0$ 的另一个解是 $\frac{1}{\phi}$。

在数值上定义了黄金分割之后，我们将用几何**作图**的方法来得到它。有几种方法可以作出一条线段的黄金分割。你可能会注意到，我们似乎在交替使用**黄金分割比**和**黄金分割**这两个术语。为了避免混淆，我们将使用**黄金分割比**一词来指代 ϕ 的数值，而用**黄金分割**一词来指代将一条线段分成 ϕ 这一比例的几何分割。

黄金分割的作图方法 1

我们的第一种方法，也是最广为使用的方法，是从一个单位正方形 $ABCD$ 开始，其中 M 是 AB 边的中点，然后以 M 为圆心、MC 为半径作一条圆弧，与 AB 边的延长线相交于点 E。我们现在可以说，线段 AE 在点 B 处被分成黄金分割。当然，这一点还必须得到证实。

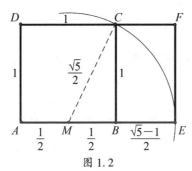

图 1.2

为了验证这一点，我们必须应用黄金分割的定义：$\dfrac{AB}{BE} = \dfrac{AE}{AB}$，看看它是否确实成立。对图 1.2 中的 $\triangle MBC$ 应用毕达哥拉斯定理，并将由此得到的值代入此定义，我们得到以下结果：

$$MC^2 = MB^2 + BC^2 = \left(\frac{1}{2}\right)^2 + 1^2 = \frac{1}{4} + 1 = \frac{5}{4}; \text{因此,} MC = \frac{\sqrt{5}}{2}$$

由此可得

$$BE = ME - MB = MC - MB = \frac{\sqrt{5}}{2} - \frac{1}{2} = \frac{\sqrt{5}-1}{2}, \text{以及}$$

$$AE = AB + BE = 1 + \frac{\sqrt{5}-1}{2} = \frac{2}{2} + \frac{\sqrt{5}-1}{2} = \frac{\sqrt{5}+1}{2}$$

接下来，我们就可以验证 $\dfrac{AB}{BE} = \dfrac{AE}{AB}$，即

$$\frac{1}{\dfrac{\sqrt{5}-1}{2}} = \frac{\dfrac{\sqrt{5}+1}{2}}{1}$$

这确实是一个相等的比例,因为对角相乘的结果是相等的,即

$$\frac{\sqrt{5}-1}{2} \times \frac{\sqrt{5}+1}{2} = 1 \times 1 = 1$$

从图 1.2 中我们还可以看出:可以说点 B 在线段 AE 内将其分为黄金分割,因为

$$\frac{AB}{AE} = \frac{1}{1+\dfrac{\sqrt{5}-1}{2}} = \frac{1}{\dfrac{\sqrt{5}+1}{2}} = \frac{\sqrt{5}-1}{2} = \frac{1}{\phi}$$

同时,我们也可以说点 E 在线段 AB 外将其分为黄金分割,因为

$$\frac{AE}{AB} = \frac{1+\dfrac{\sqrt{5}-1}{2}}{1} = \frac{\sqrt{5}+1}{2} = \phi$$

你应该注意图 1.2 中矩形 $AEFD$ 的形状。它的长与宽之比是黄金分割比:

$$\frac{AE}{EF} = \frac{\dfrac{\sqrt{5}+1}{2}}{1} = \frac{\sqrt{5}+1}{2} = \phi$$

这个吸引人的形状被称为**黄金矩形**,第 4 章中将对此作详细的讨论。

黄金分割的作图方法 2

另一种通过作图得到黄金分割的方法是从作一个直角三角形开始,使它的一条直角边是单位长度,另一条直角边的长度为单位长度的 2 倍,如图 1.3 所示。① 我们会将这里的线段 AB 分割成比值是黄金分割比的两部分。至此,这一分割可能还不那么显而易见,因此我们强烈建议读者保持耐心,直到我们得出所需的结论。

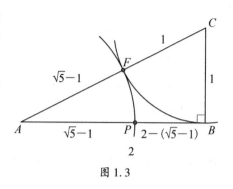

图 1.3

考虑到 $AB=2$、$BC=1$,我们对 $\triangle ABC$ 应用毕达哥拉斯定理,于是得到 $AC=\sqrt{2^2+1^2}=\sqrt{5}$。以点 C 为圆心作一条半径为 1 的圆弧,它与线段 AC 相交于点 F。然后以点 A 为圆心、AF 为半径作一条圆弧,它与 AB 相交于点 P。

由于 $AF=\sqrt{5}-1$,我们得到 $AP=\sqrt{5}-1$。因此 $BP=2-(\sqrt{5}-1)=3-\sqrt{5}$。

为了确定 $\dfrac{AP}{BP}$,我们就要确定比例 $\dfrac{\sqrt{5}-1}{3-\sqrt{5}}$,然后理解它的意义。我们将该式乘 $\dfrac{3+\sqrt{5}}{3+\sqrt{5}}$(其实就是乘 1),使其分母有理化。

于是我们得到

$$\frac{\sqrt{5}-1}{3-\sqrt{5}}\times\frac{3+\sqrt{5}}{3+\sqrt{5}}=\frac{3\sqrt{5}+5-3-\sqrt{5}}{3^2-(\sqrt{5})^2}=\frac{2\sqrt{5}+2}{9-5}=\frac{2(\sqrt{5}+1)}{4}=\frac{\sqrt{5}+1}{2}=\phi\approx1.618\,03$$

这就是黄金分割比! 因此,我们证实了点 P 将线段 AB 分成黄金分割。

---

① 人们认为给出这一作图方法的是亚历山大城的海伦(Hero of Alexandria, 10—70)。——原注

海伦还提出了本书第 4 章中用到的海伦公式。——译注

黄金分割的作图方法 3

我们还有黄金分割的另一种作图方法。考虑图 1.4 所示的三个相邻单位正方形。我们作 $\angle BHE$ 的角平分线。这里有一条方便的几何关系对我们很有帮助，即三角形中的一个角的角平分线将其对边分成的两条线段与构成这个角的另两边成比例。[①] 于是，在图 1.4 中，我们得出以下关系：$\dfrac{BH}{EH} = \dfrac{BC}{CE}$。对 $\triangle HFE$ 应用毕达哥拉斯定理，我们得到 $HE = \sqrt{5}$。现在，我们可以将图 1.4 所示的各值代入 $\dfrac{BH}{EH} = \dfrac{BC}{CE}$ 来进行计算：$\dfrac{1}{\sqrt{5}} = \dfrac{x}{2-x}$，由此得到 $x = \dfrac{2}{\sqrt{5}+1}$，这就是 $\dfrac{\sqrt{5}+1}{2}$ 的倒数。因此，$x = \dfrac{1}{\phi} \approx 0.618\,03$。

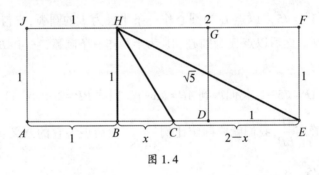

图 1.4

因此，我们可以得出结论，点 B **给出**了线段 AC 的黄金分割，因为 $\dfrac{AB}{BC}$

$= \dfrac{1}{x} = \dfrac{\sqrt{5}+1}{2} \approx 1.618\,03$，而这是黄金分割比的值。

---

① 这条定理的证明最初出自欧几里得的《几何原本》第 6 卷第 3 节。在 A. S. Posamentier, J. H. Banks, and R. Bannister, *Geometry: Its Elements and Structure* (New York: McGraw—Hill, 1977) 一书中也可以找到有关的证明。——原注

黄金分割的作图方法 4

这种作图方法与前一种类似,从如图 1.5 所示的两个全等正方形开始。以这两个正方形的公共边的中点 M 为圆心、正方形边长的一半为半径作一个圆。该圆与矩形对角线的交点 C 确定了 AC 与正方形的一边 AD 构成黄金分割。

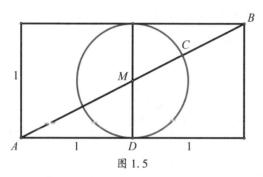

图 1.5

考虑到 $AD=1$、$DM=\dfrac{1}{2}$,我们对 $\triangle AMD$ 应用毕达哥拉斯定理,就得到 $AM=\dfrac{\sqrt{5}}{2}$(见图 1.6)。由于 CM 也是该圆的一条半径,$CM=DM=\dfrac{1}{2}$。于是我们可以得出结论:

$$AC=AM+CM=\frac{\sqrt{5}}{2}+\frac{1}{2}=\frac{\sqrt{5}+1}{2}=\phi$$

此外,

$$BC=AB-AC=\sqrt{5}-\frac{\sqrt{5}+1}{2}=\frac{\sqrt{5}-1}{2}=\frac{1}{\phi}$$

这样,我们就作出了黄金分割比及其倒数。

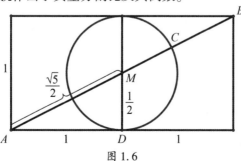

图 1.6

黄金分割的作图方法 5

这是一种相当简单的作图方法,在其中我们将表明:在正方形一边(延长线)上的半圆(其半径是从正方形该边中点到对边顶点的线段的长度)给出了一条线段 BE,而正方形的顶点 B 确定了黄金分割。在图 1.7 中,我们有一个正方形 $ABCD$,在其 AB 边上有一个半圆,其圆心位于 AB 的中点 M,半径为 CM。我们在作图方法 1 中遇到过类似的情况,当时我们得出了 $\dfrac{AB}{BE}=\phi$ 和 $\dfrac{AE}{AB}=\phi$ 的结论。

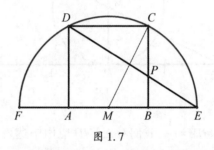

图 1.7

不过,这里有一个额外的吸引人的地方:DE 和 BC 的交点 P 将这两条线段都分成黄金分割。这很容易证明,因为 $\triangle DCP$ 与 $\triangle EBP$ 相似,而它们的对应边 DC 与 BE 符合黄金分割。因此,它们的所有对应边都符合黄金分割,在这里就是 $\dfrac{CP}{PB}=\dfrac{DP}{PE}=\phi$。

黄金分割的作图方法 6

有一些黄金分割的作图方法相当有创意。[①] 考虑内接于一个圆的等边三角形 ABC，线段 PT 与该等边三角形的交点 Q 和 S 平分各自所在的边，如图1.8所示。

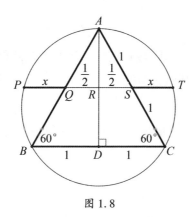

图 1.8

我们设这个等边三角形的边长为2，这样就可以得到图1.8所示的各线段长度。这里的比例关系告诉我们 $\dfrac{RS}{CD} = \dfrac{AS}{AC}$，然后代入适当的值得到 $\dfrac{RS}{1} = \dfrac{1}{2}$，因此 $RS = \dfrac{1}{2}$。

由于图形的对称性，有 $PQ = ST$，有一条有用的几何定理使我们能够求出这两条线段的长度 x。该定理指出，圆的两条相交弦，被交点分成的两条线段的乘积相等。根据该定理，我们得出

$$PS \cdot ST = AS \cdot SC$$

$$(x+1)x = 1 \times 1$$

---

① 这是由哈德逊河精神病中心（Hudson River Psychiatric Center）的住院实习医生奥多姆（George Odom）在20世纪80年代初最早观察到的［参见 J. van Craats，"A Golden Section Problem from the Monthly，" *American Mathematical Monthly* 93，no. 7（1986）：572 或 C. Pritchard，ed.，*The Changing Shape of Geometry*（Cambridge：Cambridge University Press，2003），p. 294］。——原注

$$x^2 + x - 1 = 0$$

$$x = \frac{\sqrt{5} - 1}{2}$$

因此,线段 QT 被点 S 分成黄金分割,因为

$$\frac{QS}{ST} = \frac{1}{x} = \frac{\sqrt{5} + 1}{2} \approx 1.618\,03$$

我们可以认出,这是黄金分割比的值。我们将这一作图方法概括如下:将等边三角形的中位线 QS 向右延长到其外接圆得到 QT,则该中位线被等边三角形的边分成黄金分割。

黄金分割的作图方法 7

这是一种相当简单的黄金分割作图方法,因为它只需要在一个正方形内作一个等腰三角形,如图 1.9 所示。$\triangle ABE$ 的顶点 E 在正方形 AB-CD 的 DC 边上,高 EM 与 $\triangle ABE$ 的内切圆相交于点 H。黄金分割在这里以两种方式出现。第一种方式是当正方形的边长为 2 时,其内切圆的半径 $r = \dfrac{1}{\phi}$;第二种方式是点 H 将 EM 分成黄金分割。

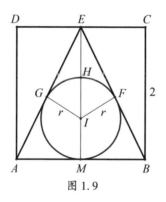

图 1.9

为了证明这一作图方法确实给出了所需的分割,我们设正方形的边长为 2。这样就得到 $BM = 1$、$EM = 2$。然后,对 $\triangle MEB$ 应用毕达哥拉斯定理,我们推导出 $AE = BE = \sqrt{5}$,并由此得出 $GE = \sqrt{5} - 1$(图 1.10)。[①]

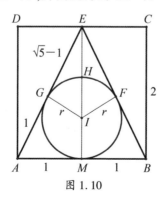

图 1.10

---

① $AM = AG$,因为它们是从圆外同一点到该圆的两条切线段。——原注

为了让黄金分割再次出现,我们再次应用毕达哥拉斯定理,这次是将其应用于 $\triangle EGI$,得到 $EI^2 = GI^2 + GE^2$,即 $(2-r)^2 = r^2 + (\sqrt{5}-1)^2$,因此 $4-4r+r^2 = r^2 + 5 - 2\sqrt{5} + 1$,这样就确定了内切圆半径的长度

$$r = \frac{\sqrt{5}-1}{2} = \frac{1}{\phi}$$

现在,通过一些简单的代换,我们得到 $EM = 2$、$HM = 2r$,从而得出比例 $\frac{EM}{HM} = \frac{2}{2r} = \frac{1}{r} = \phi$,黄金分割以第二种方式出现了。

黄金分割的作图方法 8

用一种不那么自然的作图方法也可以得到一条线段的黄金分割。为此，我们作一个单位正方形，它的一个顶点位于一个圆的圆心处，而这个圆的半径是该正方形对角线的长度。在这个正方形的一边上，我们作一个等边三角形。如图 1.11 所示。

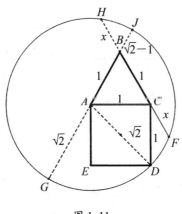

图 1.11

对 △ACD 应用毕达哥拉斯定理，我们得到此圆的半径为 $\sqrt{2}$，这就给出了 AD、AG 和 AJ 的长度。由于对称性，我们设 $BH = CF = x$。再次应用那条关于圆的相交弦的定理（在作图方法 6 中用过），我们得到以下结果：

$$GB \cdot BJ = HB \cdot BF$$

$$(\sqrt{2}+1)(\sqrt{2}-1) = x(x+1)$$

$$x = \frac{\sqrt{5}-1}{2}$$

我们再次发现线段 BF 在点 C 处被分成黄金分割，这是因为

$$\frac{BC}{CF} = \frac{1}{x} = \frac{2}{\sqrt{5}-1} = \frac{\sqrt{5}+1}{2} \approx 1.618\,03$$

我们可以看出，这正是黄金分割比的值。

黄金分割的作图方法 9

我们可以通过多种其他方式导出方程 $x^2+x-1=0$，即所谓的**黄金分割方程**。其中的一种方法如图 1.12 所示，作一个圆，并在其中作一条弦 AB，将这条弦延长到点 P，使得当从 P 向圆作一条切线时，这条切线的长度等于 AB 的长度。我们可以在图 1.12 中看到这一情况，其中 $PT=AB=1$。

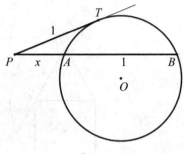

图 1.12

至此，我们将应用一条几何定理。该定理指出，当从圆外一点 P 向圆作一条切线（PT）和一条割线（PB）时，此切线段是整条割线与割线在圆外部分线段的比例中项，即 $\dfrac{PB}{PT}=\dfrac{PT}{PA}$。由此得到 $PT^2=PB \cdot PA$，或 $PT^2=(PA+AB) \cdot PA$。如果我们设 $PA=x$，则有 $1^2=(x+1)x$，即 $x^2+x-1=0$，并且如前所述，我们可以得出结论：点 A 确定了线段 PB 的黄金分割，因为这个方程的解就是黄金分割比。

我们提出的下一种方法有点复杂。不过，它是从著名的 3-4-5 直角三角形开始的，这样的一个三角形可能是最早被认为是真正的直角三角形之一，这可以追溯到古埃及的所谓"拉绳者"。[1]

---

[1] Florian Cajori, *A History of Mathematics*, 5th ed. (1894; repr., New York: Macmillan, 1999), p. 29.——原注

黄金分割的作图方法 10

在图 1.13 中,我们有一个 3-4-5 直角三角形 ABC。$\angle ABC$ 的平分线与边 AC 相交于点 G。以 G 为圆心、GC 为半径作一个圆,此时可以证明该圆与 BC 和 AB 都相切。

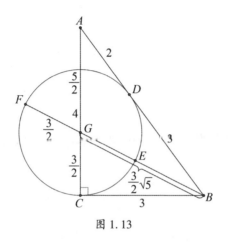

图 1.13

正如我们前面提到过的,三角形的角平分线将其对边分成的两条线段与此角的两边成比例。因此,$\dfrac{AG}{GC}=\dfrac{AB}{BC}$,即 $AG=\dfrac{5}{3}GC$。

由于 $AG+GC=4$,我们得到 $\dfrac{5}{3}GC+GC=\dfrac{8}{3}GC=4$,即 $GC=\dfrac{3}{2}$。因此我们可以确定 $AG=\dfrac{5}{2}$。

GC、GD、GE、GF 都是此圆的半径,所以我们有 $FG=\dfrac{3}{2}$ 和 $GE=\dfrac{3}{2}$。对 $\triangle GBC$ 应用毕达哥拉斯定理,我们就得到 $GB^2=BC^2+GC^2=9+\dfrac{9}{4}=\dfrac{45}{4}$。因此 $GB=\dfrac{3}{2}\sqrt{5}$。

我们现在已有足够的条件来证明点 E 确实将线段 BF 分成黄金分割了:

$$\frac{BF}{FE} = \frac{GF+GB}{GF+GE} = \frac{\dfrac{3}{2}+\dfrac{3}{2}\sqrt{5}}{\dfrac{3}{2}+\dfrac{3}{2}} = \frac{\sqrt{5}+1}{2} \approx 1.618\,03$$

现在我们已经很容易就能认出,这是黄金分割比。

黄金分割的作图方法 11

在图 1.14 中,我们看到三个半径分别为 1、2 和 4 个单位长度的同心圆。PR 与最里面的圆相切于点 T,并与另两个圆相交于点 P、Q 和 R。

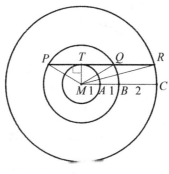

图 1.14

由于 $AM = AB = 1$、$BC = 2$,我们对 $\triangle MQT$ 和 $\triangle MRT$ 分别应用毕达哥拉斯定理,得到 $QT = \sqrt{2^2 - 1^2} = \sqrt{3}$,$RT = \sqrt{4^2 - 1^2} = \sqrt{15}$。

由于 $PR = RT + PT = RT + QT = \sqrt{15} + \sqrt{3} = \sqrt{3}(\sqrt{5} + 1)$,$PQ = PT + QT = 2\sqrt{3}$,我们得出

$$\frac{PR}{PQ} = \frac{\sqrt{3}(\sqrt{5} + 1)}{2\sqrt{3}} = \frac{\sqrt{5} + 1}{2} \approx 1.618\,03$$

我们从中又可以认出,这是黄金分割比。

黄金分割的作图方法 12

我们还有黄金分割的另一种作图方法,这次是利用三个圆。考虑半径 $r=1$ 的三个相连的全等圆,如图 1.15 所示。

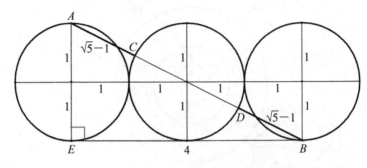

图 1.15

在图 1.15 中,$AE=2$,$BE=4$。我们对 $\triangle ABE$ 应用毕达哥拉斯定理,得到 $AB=\sqrt{2^2+4^2}=\sqrt{20}=2\sqrt{5}$。由于对称性,$AC=BD$,$CD=2$,于是我们得到 $AB=AC+CD+BD=2AC+CD=2AC+2$。因此 $2AC+2=2\sqrt{5}$。由此可得 $AC=\sqrt{5}-1$,$AD=AB-BD=AB-AC=2\sqrt{5}-(\sqrt{5}-1)=\sqrt{5}+1$。

$\dfrac{AD}{CD}=\dfrac{\sqrt{5}+1}{2}\approx 1.618\,03$,这个比值再次给出了黄金分割比。

你可能注意到,每次我们都使用单位长度作为基准。我们本可以使用一个变量,比如说 x,这样我们也会得到同样的结果。不过,使用 1 而不用 x 会更简单一点。

黄金分割的作图方法 13

我们使三个相等的单位圆彼此相切,并使它们与一个半圆相切,如图 1.16 所示,这样我们就为黄金分割的另一种作图方法准备好了素材。

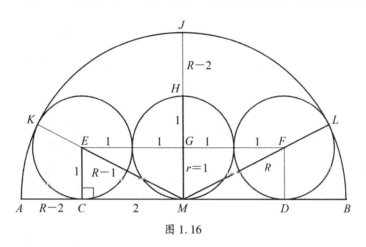

图 1.16

首先,我们注意到 $AM=BM=JM=KM=LM=R$, $GH=GM=CE=DF$($=r$)$=1$, $CM=DM=EG=FG=2$,以及 $EM=R-r=R-1$。接下来,我们对图 1.16 中的 $\triangle CEM$ 应用毕达哥拉斯定理,我们会得到 $EM^2=CM^2+CE^2$,即 $(R-1)^2=2^2+1^2$。

我们解这个关于 R 的方程,就会得到

$$R^2-2R+1=5$$

$$R^2-2R-4=0$$

$$R=1\pm\sqrt{5}$$

由于半径不能为负值,我们就只使用 R 的正根。因此,$R=1+\sqrt{5}$。

然后我们得出比例 $\dfrac{R}{r}=1+\sqrt{5}$。不过,要这个比例的一半才会给我们黄金分割比:

$$\frac{1}{2}\cdot\frac{R}{r}=\frac{\sqrt{5}+1}{2}$$

因此，$\dfrac{LM}{HM} = \dfrac{R}{2r} = \dfrac{\sqrt{5}+1}{2} \approx 1.61803$。

此外，比例 $\dfrac{HM}{HJ}$ 和 $\dfrac{CM}{AC}$ 也会给出黄金分割比，因为从 $R-2r = R-2 = 1+$

$\sqrt{5}-2 = \sqrt{5}-1$，就有 $\dfrac{HM}{HJ} = \dfrac{CM}{AC} = \dfrac{2r}{R-2r} = \dfrac{2}{\sqrt{5}-1} = \dfrac{\sqrt{5}+1}{2}$。

黄金分割的作图方法 14

沃尔瑟(Hans Walser)推广了黄金分割的另一种作图方法,他将三个圆放在坐标网格中,如图 1.17 所示。这种作图方法可以进一步扩展,如我们在下面所示的。一个半径为 1 的圆被两个半径为 3 的圆包围在中间。

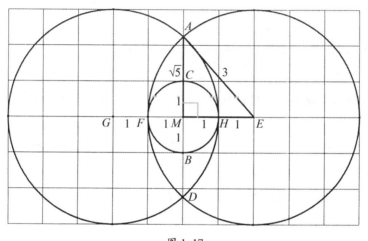

图 1.17

由于 $AE=EF=GH=3$,$BC=2$,我们可以通过对 $\triangle AEM$ 应用毕达哥拉斯定理来求出 AM 的长度。由此可求出 $AM=\sqrt{3^2-2^2}=\sqrt{5}$。由于 $AB=AM+BM=\sqrt{5}+1$,于是我们可以写出

$$\frac{AB}{BC}=\frac{\sqrt{5}+1}{2}=\phi\approx1.618\ 03$$

我们又可以认出,这是黄金分割比。

此外,比例 $\dfrac{BC}{AC}$ 也给出了黄金分割比:

$$\frac{BC}{AC}=\frac{BC}{AM-CM}=\frac{2}{\sqrt{5}-1}=\frac{\sqrt{5}+1}{2}$$

我们现在要阐明基于欧几里得的著作的黄金分割的那一经典作图方

法,这是我们提供的第一种作图方法的一个令人愉快的变化形式。欧几里得①的《几何原本》可能是其对我们的数学知识作出的最大贡献之一,这部著作分为十三卷,涵盖了平面几何、算术、数论、无理数和立体几何。事实上,这部巨著是对存在于欧几里得那个时代(大约公元前 300 年)的数学知识的一个汇编。我们没有欧几里得出生和死亡的日期记录,对他的生平也知之甚少,但我们知道他生活在托勒密一世(Ptolemy I)统治时期(前 305—前 285),在亚历山大教授数学。我们猜测他曾进入雅典的柏拉图学园(Plato Academy),向柏拉图的学生学习数学,后来去了亚历山大。当时,亚历山大有一座托勒密一世创建的伟大的图书馆,也被称为博物院。人们相信欧几里得在那里写下了他的《几何原本》,因为这座城市也是莎草纸工业和书籍贸易的中心。到目前为止,《几何原本》已经过一千多次再版,为他的那些命题提供了综合的证明,从而确立了一个逻辑思维的标准。这给人类文明中的许多最伟大的思想家留下了深刻印象。其中值得注意的是林肯②,他年轻做律师时就随身携带着一本《几何原本》,并会经常研究书中所提出的命题,以受益于其中的逻辑表述。

① 欧几里得(Euclid,约前 325—前 265),古希腊数学家,被称为"几何之父"。他所著的《几何原本》(*Elements*)是世界上最早公理化的数学著作,为欧洲数学奠定了基础。——译注

② 林肯(Abraham Lincoln,1809—1865),第十六任美国总统,其任总统期间,美国爆发内战,史称南北战争,在此之后美国废除了奴隶制。——译注

黄金分割的作图方法 15

我们现在就来阐明欧几里得的黄金分割。在图 1.18 中，Rt△ABC 的两条直角边边长分别为 1 和 $\frac{1}{2}$。以 C 为圆心、BC 的长度为半径作一条弧，并将 CA 延长到点 D。以 A 为圆心作第二条弧，它与第一条弧相切，这条弧自然会通过点 D。利用毕达哥拉斯定理，我们可以得出 $BC=\frac{\sqrt{5}}{2}$。我们设 AD 的长度为 x。

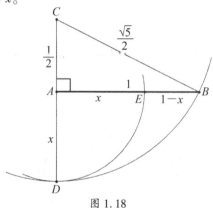

图 1.18

$$x=AE=AD=CD-AC=BC-AC=\frac{\sqrt{5}}{2}-\frac{1}{2}=\frac{\sqrt{5}-1}{2}$$

而 $BE=AB-AE=1-x=1-\dfrac{\sqrt{5}-1}{2}=\dfrac{3-\sqrt{5}}{2}$，这样就给出了下列比例：

$$\frac{AE}{BE}=\frac{\dfrac{\sqrt{5}-1}{2}}{\dfrac{3-\sqrt{5}}{2}}=\frac{\sqrt{5}-1}{3-\sqrt{5}}=\frac{\sqrt{5}-1}{3-\sqrt{5}}\times\frac{3+\sqrt{5}}{3+\sqrt{5}}=\frac{3\sqrt{5}+5-3-\sqrt{5}}{9-5}$$

$$=\frac{2\sqrt{5}+2}{4}=\frac{\sqrt{5}+1}{2}=\phi\approx1.618\,03$$

从中我们又看到了黄金分割比。

黄金分割的作图方法 16

我们收集到的最后一种黄金分割的作图方法可能看起来有点难以理解,但实际上是非常简单的,因为它只使用一副圆规!我们只需画五个圆。[1]

在图 1.19 中,我们首先以 M_1 为圆心、$r_1 = r$ 为半径作圆 c_1。然后,在圆 c_1 上随机选择一点 M_2,以 M_2 为圆心、$r_2 = r$ 为半径作圆 c_2;当然,$M_1 M_2 = r$。我们将 c_1 和 c_2 这两个圆的交点标记为 A 和 B。以 B 为圆心、$AB = r_3$ 为半径作圆 c_3,与圆 c_1 和 c_2 相交于点 C 和 D(注意,点 D、M_1、M_2 和 C 是共线的)。我们现在以 M_1 为圆心、$M_1 C = r_4 = 2r$ 为半径作圆 c_4。最后,以 M_2 为圆心、$M_2 D = r_5 = r_4 = 2r$ 为半径作圆 c_5,它与 c_4 相交于点 E 和 F。

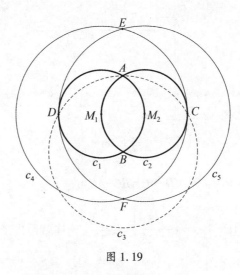

图 1.19

从图 1.20 中可以看出,由于明显的对称性,$AE = BF$,$AF = BE$,$AM = BM$,$EM = FM$,$CM = DM$,$MM_1 = MM_2$。于是我们可以断言 $\dfrac{AB}{AE} = \dfrac{BE}{AB} = \phi$(或

① Kurt Hofstetter, "A Simple Construction of the Golden Section," *Forum Geometrico-rum* 2 (2002): 65–66. ——原注

自然与艺术中的美丽结构

黄金分割

同理可得到 $\dfrac{AB}{BF}=\dfrac{AF}{AB}=\phi$)。

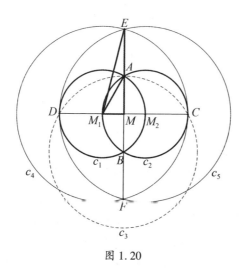

图 1.20

只要作几条辅助线就很容易证明这一断言。第一个圆的半径为 $r_1 = r = AM_1$，第四个圆的半径为 $r_4 = 2r = CM_1 = EM_1$。我们可以对 $\triangle AMM_1$ 应用毕达哥拉斯定理，得到 $AM_1{}^2 = AM^2 + MM_1{}^2$，或者

$$r^2 = AM^2 + \left(\frac{r}{2}\right)^2$$

由此确定 $AM = \dfrac{\sqrt{3}}{2}r$。然后，对 $\triangle EMM_1$ 应用毕达哥拉斯定理，我们就得到 $EM_1{}^2(=CM_1{}^2) = EM^2 + MM_1{}^2$，或者

$$(2r)^2 = EM^2 + \left(\frac{r}{2}\right)^2$$

由此可得 $EM = \dfrac{\sqrt{15}}{2}r$。

我们现在要设法证明，我们上面所说的比例 $\dfrac{AB}{AE}$ 实际上就是黄金分割比。

$$\frac{AB}{AE}=\frac{AM+BM}{EM-AM}=\frac{2AM}{EM-AM}=\frac{2\times\dfrac{\sqrt{3}}{2}r}{\dfrac{\sqrt{15}}{2}r-\dfrac{\sqrt{3}}{2}r}=\frac{2\sqrt{3}}{\sqrt{3}(\sqrt{5}-1)}=\frac{2}{\sqrt{5}-1}\times\frac{\sqrt{5}+1}{\sqrt{5}+1}=\frac{\sqrt{5}+1}{2}=\phi$$

现在,我们必须检查的第二个比例是

$$\frac{BE}{AB}=\frac{EM+BM}{AM+BM}=\frac{EM+AM}{2AM}=\frac{\dfrac{\sqrt{15}}{2}r+\dfrac{\sqrt{3}}{2}r}{2\times\dfrac{\sqrt{3}}{2}r}=\frac{\sqrt{3}(\sqrt{5}+1)}{2\sqrt{3}}=\frac{\sqrt{5}+1}{2}=\phi$$

不管是这两种情况中的哪一种,我们都证明了黄金分割实际上是由我们所作的五个圆确定的。

我们不想给读者留下这样的印象:我们已经涵盖了黄金分割的所有可能的作图方法。目前大约有 40 种这样的黄金分割作图方法,新的方法还在不断出现。正如我们所提到的,在许多奇特的几何构形中都可以找到黄金分割,但我们将把这些隐匿之处留待本书的后面去讨论。不过,请注意,我们作出黄金分割的目标是要以某种方式得到一个等于 $\sqrt{5}$ 的长度。就眼下而言,我们只想引入黄金分割比的数值,以及在分割一条线段的过程中,它如何从代数和几何的意义上显现出来。

第2章　历史上的黄金分割

　　人们永远无法确定地说出黄金分割最初出现在文明世界的何处。据我们所知,黄金分割的使用最早出现在古埃及人建造的吉萨的胡夫金字塔(图2.1)中,这是"古代世界七大奇迹"中如今唯一尚存于世的。也许有一天,我们会发现一些更早的例子。时至今日,仍然不为人们所知的是,这一奇迹结构的建筑师海米乌奴(Hemiunu,约公元前2570)在努力实现这一结构之美时,是有意识地选择了会产生黄金分割的尺寸,还是说仅仅出于偶然。关于金字塔结构的这一问题以及其他问题促使人们大量著书立说,但仍然没有一个明确的结论。

图2.1　吉萨的胡夫金字塔,照片蒙兰特(Wolfgang Randt)惠允使用

这座巨大的建筑建于公元前 2560 年前后,是位于现在的埃及开罗附近的吉萨金字塔群的三座金字塔中最古老、最宏大的一座。

多年来,考古学家对这座著名的金字塔里里外外进行了彻底的研究。不过,就我们的目的而言,我们关注它的外部尺寸。我们将使用肘尺(cubit)作为单位度量,因为这是在建造这座金字塔时所使用的单位。(肘尺是第一个有记载的古代长度单位。它是从肘部到中指指尖的长度,人们假定其为 52.25 厘米。)金字塔的示意图(图 2.2)表明它的高为 280 肘尺,底边长的一半为 220 肘尺,侧面三角形的高为 356 肘尺。①

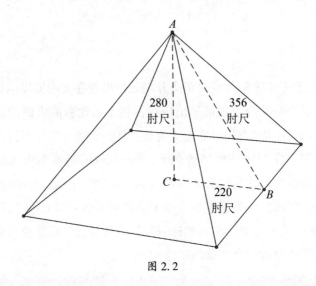

图 2.2

侧面三角形的高与底边长的一半之比为 $\dfrac{AB}{BC} = \dfrac{h_{\triangle}}{a/2} = \dfrac{356}{220} = \dfrac{89}{55} \approx 1.618\,18$,

这约等于黄金分割比 $1.618\,03\cdots$。

不仅如此,如果这还不足以让你相信这座神奇的金字塔是基于黄金分割的,那么考虑一下这座金字塔的高与底边长的一半之比,即 $\dfrac{280}{220} = \dfrac{14}{11} \approx$

$1.272\,72$,这非常接近于 φ 的平方根,而后者大约是 $1.270\,196$。如果我们

---

① 英国埃及古物学家皮特里(W. M. F. Petrie, 1853—1942)确定了这些尺寸。——原注

将 $\triangle ABC$(图 2.2)的每条边长都除以 220,我们将得到一个各边长如图 2.3(a)所示的三角形。

我们可以在图 2.3(b)中看出,这些值以各种形式近似黄金分割比,我们在图中用 ϕ 来表示这个相似直角三角形的各边长。

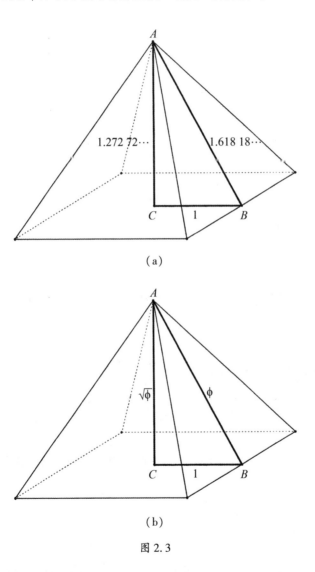

图 2.3

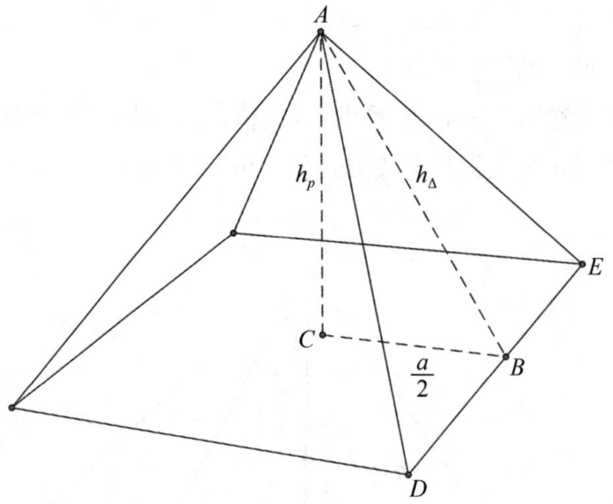

图 2.4

根据希腊历史学家希罗多德(Herodotus，约前 490—前 425)的说法，吉萨的胡夫金字塔的构造方式是：其高的平方等于其一个侧面的面积。①一旦我们对这一奇特的关系作出分析，那就会得到一些相当令人惊讶的结果。

我们首先对图 2.4 中的 △ABC 应用毕达哥拉斯定理，得出以下结果：

$$h_\triangle^2 = \frac{a^2}{4} + h_p^2 \,.$$

而每个侧面三角形的面积是 $S = \dfrac{a}{2} h_\triangle$。

使用希罗多德给出的那个奇特关系，我们得到：$h_p^2 = h_\triangle^2 - \dfrac{a^2}{4} = S = \dfrac{a}{2} h_\triangle$。

如果我们将等式 $\dfrac{a}{2} h_\triangle = h_\triangle^2 - \dfrac{a^2}{4}$ 的两边都除以 $\dfrac{a}{2} h_\triangle$，就得到 $1 = \dfrac{h_\triangle}{\dfrac{a}{2}} -$

① Herbert Westren Turnbull, *The Great Mathematicians* (London：Methuen，1929).
　　——原注

$\dfrac{\dfrac{a}{2}}{h_\triangle}$。设 $x = \dfrac{h_\triangle}{\dfrac{a}{2}}$，然后取倒数得到 $\dfrac{\dfrac{a}{2}}{h_\triangle} = \dfrac{1}{x}$，再代入前一式并简化后就得

到了等式：$1 = x - \dfrac{1}{x}$，而这恰好就给出了黄金分割方程 $x^2 - x - 1 = 0$，它的解

是 $x_1 = \phi$ 和 $x_2 = -\dfrac{1}{\phi}$。到现在，你应该已经意识到 x_2 是负的，所以它在几

何上没有任何实际意义，因此我们在这里不考虑它。

使用现今的测量技术，测得这座大金字塔的尺寸如表 2.1 所示（参见图 2.2）。

表 2.1

胡夫金字塔	底边长 a	侧面三角形的高 $h_\triangle$	金字塔的高 h_p	$\dfrac{h_\triangle}{\dfrac{a}{2}}$	$\dfrac{4a}{2h_p}$
尺寸	230.56 m	186.54 m	146.65 m	1.618 134 71（$\approx \phi$）	3.144 357 313（$\approx \pi$）

你瞧，该金字塔的侧面三角形的高与它的底边的一半之比为

$$\dfrac{h_\triangle}{\dfrac{a}{2}} = 1.618\ 134\ 71$$

这是一位天才建筑师故意设计的吗？没人知道。我们只能指出通过测量所得出的数据和历史上的一些线索。

在黄金分割的历史上，下一个重要的发现来自毕达哥拉斯学派，除了其他许多应用以外，他们还在音乐探究中使用了黄金分割。第一次对这一著名比例的直接引用记载于欧几里得的《几何原本》，正如我们之前提到的，写作此书的时间大约是在公元前 300 年，其中汇编了当时所有的数学知识。这部不朽的著作由十三卷组成，其中有两卷提到了黄金分割：在第 2 卷的命题 11 中，他作了一条直线（线段），这条直线被分割成两段，而由原来的整条线段与分割成的两部分之一（线段）构成了一个矩形，使得

该矩形的面积等于剩下的那条线段上构建
的正方形的面积。这可以用图来明示，如图
2.5 所示。我们从线段 ACB 开始，其中点 C
分割此线段，用 CB 为一边构成矩形 $ABHF$，
其中 $CB=HB$，使得正方形 $ACGD$ 的面积与
矩形 $ABHF$ 的面积相等。这一面积相等关
系可以表示为 $AC^2=AB \cdot CB$，然后可将该式

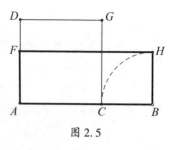

图 2.5

变换成 $\dfrac{AB}{AC}=\dfrac{AC}{CB}$，而这个等式在《几何原本》中又得到了第二次引用。①

　　在这里，欧几里得提到了一条给定的直线被切割（或分割）成中外
比②，即对于包含点 C 的线段 AB，我们有 $\dfrac{AB}{AC}=\dfrac{AC}{CB}$。这正是我们对黄金分
割的定义。

　　当我们考察黄金分割的历史时，我们发现它的下一个突出表现是在
伟大的希腊雕塑家菲狄亚斯的作品中。据说，他为希腊雅典的帕台农神
庙所设计的建筑［图 2.6（a）］，以及他为装饰这座建筑而制作的雕塑，如
著名的宙斯雕像，都反映了这一美丽的比例。事实上，希腊字母 φ 在现
今（以及在本书中）被许多数学家用来表示黄金分割，因为它是菲狄亚斯
名字的首字母，他的名字写成希腊语是 $\Phi\varepsilon\iota\delta\iota\alpha\varsigma$。③ 正如你在图 2.6（a）中
能看到的，希腊雅典的帕台农神庙可以与一个黄金矩形（即两边之比符合
黄金分割的矩形，参见第 4 章）完美地相合。此外，在图 2.6（b）中，你会
注意到一些其他的黄金分割。不过，即使到了今天，也没有人能肯定地
说，菲狄亚斯在设计这一结构时考虑到了黄金分割。

---

① 欧几里得的《几何原本》，第 6 卷，定义 3。——原注
② 欧几里得把这个"中外比"（第 6 卷，定义 3）定义为："线［线段］被切割成**中外比**
　 指的是，当整条直线［线段］与其中较长线段之比等于该较长线段与较短线段之
　 比。"——原注
③ 有些数学书籍使用希腊字母 τ，即表示"切割"的那个希腊语单词的首字
　 母。——原注

(a)

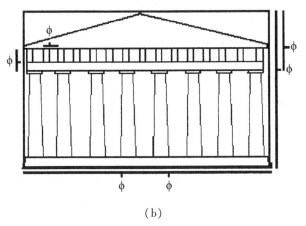

(b)

图 2.6　希腊雅典的帕台农神庙

　　当我们继续追溯黄金分割的历史时,我们在数学家帕乔利撰写的三卷本《神圣的比例》(*De divina proportione*)中找到了下一个重要发现。这本书包含了意大利画家、雕塑家、建筑师以及数学家达·芬奇(Leonardo

da Vinci, 1452—1519)①绘制的五种柏拉图立体②。达·芬奇在大约
1487 年还绘制了"维特鲁威人"(*Vitruvian Man*,图 2.7)。这是一幅男性
身体的图片,其中的比例看起来显然非常接近黄金分割比。

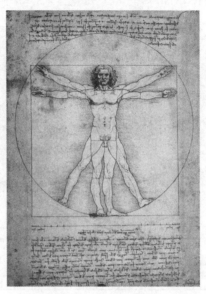

图 2.7 维特鲁威人(© Wood River Gallery)

达·芬奇根据古罗马作家、建筑师和工程师波利奥(Marcus Vitruvius
Pollio,约前 84—约前 27)的著作提供了一些注释。这幅画由意大利威尼
斯美术学院画廊(Gallerie dell' Accademia)收藏,通常被认为是描绘完美
比例人体的早期突破之一。显然,达·芬奇是从维特鲁威的著作《建筑十
书》(*De Architectura*)第 3 卷中得出这些几何比例的。

这幅图显示了一个男性在同一位置上的两个层次的姿势:他的手臂
和腿分开,内接于一个圆和一个正方形,圆和正方形仅相切于一点。黄金
分割在这里表现为:从这个男人的肚脐到头顶的距离除以从脚底到肚脐

的距离(如图 2.8 所示,肚脐似乎位于圆心),所得的比值约为 0.656,接近黄金分割比(我们知道黄金分割比的值是 0.618…)。

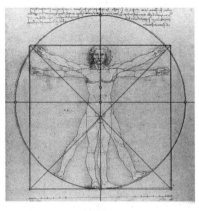

图 2.8

如果正方形上方的两个顶点离圆更近一些,就会达到黄金分割了。这可以在图 2.9 中看出,其中圆的半径选为 1,而正方形的边长为 1.618,它们的比值近似等于黄金分割比 φ。

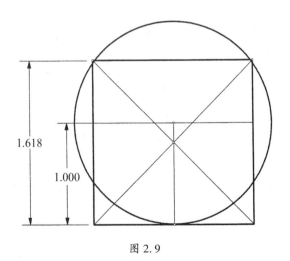

图 2.9

这些建筑师和艺术家在多大程度上是有意识地在他们的作品中使用黄金分割,这仍然是一个谜,因为没有任何文档明确地表明他们使用了黄金分割。在我们看到的现象当中,我们希望能找到一些黄金分割在其中发挥了作用的例子。不过,在艺术和建筑中,有无穷多的例子,有人认为黄金分割出现在其中。还有一些人对这些现象的真实性持怀疑态度,如佩多①、马考斯基②、内韦克斯③和菲施勒④。另一方面,也有一些结构(例如,由柯布西耶⑤制作的)、雕塑(例如,由贝奥西⑥雕刻的)或绘画和图形(例如,由尼迈耶⑦绘制的)记录了黄金分割在他们的设计中的使用。⑧

在第3章中,我们将探讨黄金分割比和斐波那契数列之间的特殊关系。这个数列以意大利数学家斐波那契[Fibonacci,或比萨的莱昂纳多(Leonardo of Pisa,约1175—1240年后)]的名字命名,并由法国数学家卢卡斯(Edouard Lucas,1842—1891)加以推广。卢卡斯不仅根据斐波那契的著作《计算之书》第12章中的兔子繁殖问题发现了这些数的特征,而且他还建立一个后人以他的名字命名的类似数列。在他发现的各种关系中,有卢卡斯数和斐波那契数与黄金分割比之间的关系。这些关系以及更多内容将在第3章中探讨。

---

① Dan Pedoe, *Geometry and the Visual Arts* (Harmondsworth, UK: Penguin, 1976; New York: Dover, 1983). ——原注

② George Markowsky, "Misconceptions about the Golden Ratio," *College Mathematics Journal* 23, no. 1 (1992): 2-19. ——原注

③ Marguerite Neveux and H. E. Huntley, *Le nombre d'or: Radiographie d'un mythe suivi de La divine proportion* (Paris: Éditions du Seuil, 1995). ——原注

④ Roger Herz—Fischler, *A Mathematical History of the Golden Number* (Mineola, NY: Dover, 1998). ——原注

⑤ 柯布西耶(Le Corbusier)是法裔瑞士建筑师、艺术家让奈赫特(Charles—Édouard Jeanneret,1887—1965)的笔名。——原注

⑥ 贝奥西(Étienne Béothy, 1897—1961),法裔匈牙利雕塑家、艺术家。——原注

⑦ 尼迈耶(Jo Niemeyer, 1946—),一位德国平面造型艺术家、建筑师。——原注

⑧ 更多的例子请参见《斐波那契数列:定义自然法则的数学》,阿尔弗雷德·S. 波萨门蒂、英格玛·莱曼著,涂泓、冯承天译,上海科技教育出版社,2024;以及 Ingmar Lehmann, "Fibonacci—Zahlen—Ausdruck von Schönheit undHarmonie in der Kunst," *Der Mathematikunterricht* 55, no. 2(2009): 51—63。——原注

第3章　黄金分割比的数值及其性质

39

在前几章中,我们已经确定了 a 与 b 之间的黄金分割比是 $\dfrac{a+b}{b}=\dfrac{b}{a}$, 其中 a 和 b 是正实数。与所有其他比例一样,这个比例有一个非常具体的数值。为了得到这个比例的数值,我们首先必须建立一个由这个比例得到的方程,将这个分数等式对角相乘,得到 $b^2=a(a+b)=a^2+ab$。这个等式可以写成 $b^2-ab-a^2=0$,对其求解 a 或 b 均可。比如说,我们求解 b。利用二次方程求根公式[①]求得

$$b=\frac{a\pm\sqrt{a^2+4a^2}}{2}=\frac{1\pm\sqrt{5}}{2}a$$

由于长度 a、b 都不能为负,我们忽略负根

$$\frac{(1-\sqrt{5})a}{2}=-\frac{\sqrt{5}-1}{2}a$$

因此,将前式的两边都除以 a,我们就得到

$$\frac{b}{a}=\frac{\sqrt{5}+1}{2}$$

---

① 　方程 $ax^2+bx+c=0(a\neq0)$ 的求根公式是 $x=\dfrac{-b\pm\sqrt{b^2-4ac}}{2a}$。——原注

这就是黄金分割比的值,它在数值上大约等于:

$$\phi = \frac{\sqrt{5}+1}{2}$$

$\approx$ 1. 61803398874989484820458683436563811772030917980576286213544862270526046281890244970720720418939113748475408807538689175212663386222353693179318006076672635443338908659593958290563832266131992829026788067520876689250171169620703222104321626954862629631361443814975870122034080588795445474924618569536486444924104432077134494704956584678850987433944221254487706647809158846074998871240076521705751797883416625624940758906970400028121042762177111777805315317141011704666599146679873176135600670874807101317952368942752194843530567830022878569978297783478458782289110976250030269615617002504643382437764861028383126833037242926752631165339247316711121158818638513316203840052221657912866752946549068113171599343235973494985090409476213222981017261070596116456299098162905552085247903524060201727997471753427775927786256194320827505131218156285512224809394712341451702237358057727861600868838295230459264787801788992199027077690389532196819861514378031499741106926088674296226757560523172777520353613936^{①},
我们通常取其近似值 1. 618 03。

现在,如果我们求 $\phi = \frac{\sqrt{5}+1}{2}$ 的倒数,就得到 $\frac{1}{\phi} = \frac{2}{\sqrt{5}+1}$,然后将这个分数乘 $\frac{\sqrt{5}-1}{\sqrt{5}-1}$(其实就是乘 1),我们就得到 $\frac{2}{\sqrt{5}+1} \times \frac{\sqrt{5}-1}{\sqrt{5}-1} = \frac{\sqrt{5}-1}{2} = \frac{1}{\phi}$,由此可得到其近似值:

$$\frac{1}{\phi} = \frac{\sqrt{5}-1}{2}$$

---

① 我们在这里提供的 ϕ 的值仅精确到小数点后 999 位。——原注

≈0. 6180339887498948482045868343656381177203091798057628621

35448622705260462818902449707207204189391137484754088075386891７

52126633862223536931793180060766726354433389086595939582905638３

22661319928290267880675208766892501711696207032221043216269548６

26296313614438149758701220340805887954454749246185695364864449２

41044320771344947049565846788509874339442212544877066478091588４

60749988712400765217057517978834166256249407589069704000281210４

27621777111777805315317141011704666599146697987317613560067087４８

07101317952368942752194843530567830022878569978297783478458782２

89110976250030269615617002504643382437764861028383126833037242９

26752631165339247316711112115881863851331620384005222165791286６７

52946549068113171599343235973494985090409476213222981017261070５

96116456299098162905552085247903524060201727997471753427775927７

86256194320827505131218156285512224809394712341451702237358057７

27861600868838295230459264787801788992199027077690389532196819８

615143780314997411069260886742962267575605231727775203536139３６①，

我们通常取其近似值 0. 618 03。

我们看到 φ 的值有一个独一无二的特点。一个数与其倒数的乘积等于 1，这是一个通常的事实，在这里我们也有 $\phi \cdot \dfrac{1}{\phi} = 1$。除此之外，φ 和它的倒数 $\dfrac{1}{\phi}$ 之差令人惊讶地也等于 1，即 $\phi - \dfrac{1}{\phi} = 1$。这是符合这一条件仅有的数!

不太知名的数学家梅斯林(Michael Maestlin，1550—1631)，碰巧是开普勒的老师之一，后来两人成为了朋友。人们认为梅斯林于 1597 年在德国图宾根大学(University of Tübingen)期间首次将 φ 的值的精度扩展

---

① 我们在这里提供的 $\dfrac{1}{\phi}$ 的值仅精确到小数点后 999 位。——原注

到小数点后五位，即 φ≈**1. 618 034 0**。与数学中的大多数著名的数一样，人们总是渴望获得更高的数值精度。这意味着将值计算到小数点以后更多位。当然，如今我们可以使用计算机来实现这一目标。表 3. 1 列出了近几十年来的里程碑事件。

表 3. 1

年份	φ 值的位数	数学家
1966	4599	伯格(M. Berg)
1976	10 000	沙利特(J. Shallit)
1996	10 000 000	菲(G. J. Fee)和普劳夫(S. Plouffe)
2000	1 500 000 000	古尔冬(X. Gourdon)和塞巴(P. Sebah)
2007	5 000 000 000	爱尔兰德(A. Irlande)
2008	17 000 000 000	爱尔兰德
2008	31 415 927 000	古尔冬和塞巴
2008	100 000 000 000	近藤(S. Kondo)和帕利亚鲁洛(S. Pagliarulo)
2010	1 000 000 000 000	伊(A. Yee)

既然已经确定了黄金分割比的数值，现在就让我们来考察一下这个最不寻常的数的一些性质。我们首先考虑 φ 是无理数这一性质。为此，我们将借助于一些简单的数论，踏上一段轻巧的旅行。**实数域由有理数和无理数**组成，它们可以是正的，也可以是负的。有理数用十进制形式表示时，它们要么是有限小数，要么是循环小数，而无理数不会以任何循环模式重复，并且它们会无限延续下去。区分这两类数的另一种方法是，只有有理数才能用整数的商来表示，下面是一些例子：

有理数： 3

$$-\frac{1}{2} = -0.\,5000\cdots = -0.\,5\dot{0} = -0.\,5$$

$$\frac{2}{3} = 0.\,666\cdots = 0.\,\dot{6}$$

无理数： $\sqrt{2} = 1.\,414\ 213\ 562\cdots$

$$\pi = 3.\,141\ 592\ 653\cdots$$

$$e = 2.\,718\ 281\ 828\cdots$$

我们断言 φ 这个数是一个无理数,它的十进制表示是无限的,并且没有重复模式。我们可以确定 $\sqrt{5}$ 是一个无理数,因此

$$\frac{\sqrt{5}+1}{2}=\phi$$

也是一个无理数。为了证明 $\sqrt{5}$ 是一个无理数,我们首先假设相反的情况,即 $\sqrt{5}$ 是一个有理数,这就意味着 $\sqrt{5}=\dfrac{p}{q}$,而且我们假设这个分数已为最简形式。将两边平方并消去分母,我们得到 $5q^2=p^2$。因此此式左边能被 5 整除,于是右边也能被 5 整除。但 5 是一个素数。因此,如果 p^2 能被 5 整除,那么 p 也必能被 5 整除。因此,对于某个 r,有 $p=5r$。于是我们有 $5q^2=p^2=25r^2$,因此 $q^2=3r^2$。重复前面的论证,我们发现 q 也能被 5 整除,这与我们的分数是最简形式这一假设相矛盾。因此,$\sqrt{5}$ 不是有理数。那么,φ 也就必定是一个无理数。

正如我们将在第 4 章中看到的,φ 是无理数这一性质会表现为以下事实:一个正五边形的对角线与它的边是不可公度的,这意味着它们没有公共的度量(即两者之比不是有理数)。类似地,π 是无理数这一性质可以从圆的直径与周长不可公度这个事实中看出。

我们接下来考虑 φ 的各次幂。为此,我们首先必须用 φ 来表示的 ϕ^2 的值。

由于

$$\phi=\frac{\sqrt{5}+1}{2}$$

$$\phi^2=\left(\frac{\sqrt{5}+1}{2}\right)^2=\frac{5+2\sqrt{5}+1}{4}=\frac{2\sqrt{5}+6}{4}=\frac{\sqrt{5}+3}{2}=\frac{\sqrt{5}+1}{2}+1=\phi+1$$

你可能会发现 $\phi^2=\phi+1$ 这个方程有点熟悉,因为我们已经在几个地方遇到过它了。从这个方程,我们可以生成一个有趣的数学表达式,以一种非常不寻常的方式来表示 φ 的值。对这个方程的两边取平方根,可以将其改写为 $\phi=\sqrt{\phi+1}$。我们现在将根号下的 φ 替换为与它等价的

$\sqrt{1+\phi}$，得到

$$\phi = \sqrt{1+(\sqrt{1+\phi})} = \sqrt{1+\sqrt{1+\phi}}$$

然后，重复这个过程（即将最后一个 φ 替换为 $\sqrt{1+\phi}$），我们得到

$$\phi = \sqrt{1+\sqrt{1+\sqrt{1+\phi}}}$$

继续这个过程得到

$$\phi = \sqrt{1+\sqrt{1+\sqrt{1+\sqrt{1+\phi}}}}$$

以此类推，直到你意识到这会无限继续下去，看起来像这样：

$$\phi = \sqrt{1+\sqrt{1+\sqrt{1+\sqrt{1+\sqrt{1+\sqrt{1+\sqrt{1+\sqrt{1+\sqrt{1+\sqrt{1+\sqrt{1+\cdots}}}}}}}}}}}$$

假设我们现在来考虑以下类似的嵌套根式：

$$x = \sqrt{1-\sqrt{1-\sqrt{1-\sqrt{1-\sqrt{1-\sqrt{1-\sqrt{1-\sqrt{1-\sqrt{1-\sqrt{1-\cdots}}}}}}}}}}$$

我们可以使用以下技巧计算出 x 的值：这个嵌套根式中有无限多个根号。在不损失准确性的情况下，我们可以暂时"忽略"最外层的根号，结果会看到剩下的表达式实际上与原表达式是相同的：

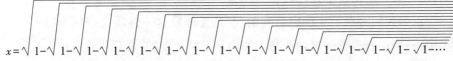

$$x = \sqrt{1-\sqrt{1-\sqrt{1-\sqrt{1-\sqrt{1-\sqrt{1-\sqrt{1-\sqrt{1-\sqrt{1-\sqrt{1-\cdots}}}}}}}}}}$$

因此，如果我们将 x 的值代入原表达式，就会得到 $x = \sqrt{1-x}$。对该式两边取平方，我们就得到以下二次方程：$x^2 = 1-x$，即 $x^2+x-1=0$。将二次方程求根公式应用于这个方程，我们得到（忽略负根）

$$x = \frac{\sqrt{5}-1}{2} \approx 0.618\,03$$

而这就是 $\dfrac{1}{\phi} = \dfrac{\sqrt{5}-1}{2} \approx 0.618\,03$。我们又得到了 φ 和 $\dfrac{1}{\phi}$ 之间的一条极

不寻常的关系：

$$\phi=\sqrt{1+\sqrt{1+\sqrt{1+\sqrt{1+\sqrt{1+\sqrt{1+\sqrt{1+\sqrt{1+\sqrt{1+\sqrt{1+\sqrt{1+\sqrt{1+\sqrt{1+\sqrt{1+\cdots}}}}}}}}}}}}}}$$

而

$$\frac{1}{\phi}=\sqrt{1-\sqrt{1-\sqrt{1-\sqrt{1-\sqrt{1-\sqrt{1-\sqrt{1-\sqrt{1-\sqrt{1-\sqrt{1-\sqrt{1-\sqrt{1-\sqrt{1-\cdots}}}}}}}}}}}}}$$

现在让我们来探究 ϕ 的各次幂。为了检查 ϕ 的相继幂,我们将它们详细地展开成各项。乍一看,这件事似乎很复杂,但实际上并非如此。你应该试着遵循每一步(这真的不难,而且非常值得!),然后将其推广到 ϕ 的更高次幂。

$\phi=\phi$

$\phi^2=\phi+1$

$\phi^3=\phi\cdot\phi^2=\phi(\phi+1)=\phi^2+\phi=(\phi+1)+\phi=2\phi+1$

$\phi^4=\phi^2\cdot\phi^2=(\phi+1)(\phi+1)=\phi^2+2\phi+1=(\phi+1)+2\phi+1=3\phi+2$

$\phi^5=\phi^3\cdot\phi^2=(2\phi+1)(\phi+1)=2\phi^2+3\phi+1=2(\phi+1)+3\phi+1=5\phi+3$

$\phi^6=\phi^3\cdot\phi^3=(2\phi+1)(2\phi+1)=4\phi^2+4\phi+1=4(\phi+1)+4\phi+1=8\phi+5$

$\phi^7=\phi^4\cdot\phi^3=(3\phi+2)(2\phi+1)=6\phi^2+7\phi+2=6(\phi+1)+7\phi+2=13\phi+8$

$\phi^8=\phi^4\cdot\phi^4=(3\phi+2)(3\phi+2)=9\phi^2+12\phi+4=9(\phi+1)+12\phi+4=21\phi+13$

$\phi^9=\phi^5\cdot\phi^4=(5\phi+3)(3\phi+2)=15\phi^2+19\phi+6=15(\phi+1)+19\phi+6$

$\qquad=34\phi+21$

$\phi^{10}=\phi^5\cdot\phi^5=(5\phi+3)(5\phi+3)=25\phi^2+30\phi+9=25(\phi+1)+30\phi+9$

$\qquad=55\phi+34$

……

至此,你应该能够看出有一种模式正在浮现出来。当我们取 ϕ 的更高次幂时,ϕ 的每个幂的最终结果实际上都等于 ϕ 的倍数加上一个常数。进一步的核实表明,在此展开式中,ϕ 的系数和常数都遵循这样的一种模式:1, 1, 2, 3, 5, 8, 13, 21, 34, 55, 89, 144, …。而这就是著名的斐波那契数列①。该数列从两个 1 开始,其后每个数都等于它前面两个数的和。斐波那契数可能是数学中最无所不在的数,它们几乎出现在这个学科的每一个领域。不过,正如我们前面提到过的,它们只是在 1202 年出版的《计算之书》第 12 章中才在西方世界"首次亮相",目的是为了解决一个简单的兔子繁殖问题。该书的作者是比萨的莱昂纳多,如今他最广为人知的名字是斐波那契。

我们最近发现,在早期印度数学著作中就已有了对斐波那契数的描述。② 它们最早出现在梵文语法学家平加拉(Pingala, 公元前 5 世纪至 2 世纪之间)的《韵律的艺术》(*Chandahsūtras*)一书中,以"大量节奏"的名字出现。更完整的叙述是出现在维拉汗卡(Virahānka, 公元 6 世纪)和月天阿阇黎(Ācārya Hemacandra, 1089—1172)的著作中,他们引用了斐波那契数。据推测,斐波那契可能是从他的阿拉伯资源中得知这些数的,这些资源使他接触到了那些印度著作。

德国计算大师雅各布(Simon Jacob)③在 1564 年去世。在此前的某个时候,他首次发表了黄金分割比与斐波那契数列之间的某种联系,但这似乎只是以一个旁注的形式出现的!④ 雅各布在此前已经发表了黄金分割比的数值解。他在从欧几里得的《几何原本》第七卷的命题 2 讨论欧几里得算法时,在页边空白处写下了斐波那契数列的前 28 项,并指出:

> 遵循这个数列,我们会越来越接近欧几里得的书中第二卷

---

① 关于这些无所不在的数的更多信息,请参见《斐波那契数列:定义自然法则的数学》,阿尔弗雷德·S. 波萨门蒂、英格玛·莱曼著,涂泓、冯承天译,上海科技教育出版社,2024。——原注

② Parmanand Singh, "Ācārya Hemacandra and the (So—Called) Fibonacci Numbers," *Mathematics Education* 20, no. 1 (1986): 28—30. ——原注

③ 雅各布是当时德国最著名的计算大师之一。1557 年,他出版了一本关于算术计算的练习册,其中对计算的艺术提出了深刻的见解(*Rechenbuch auf den Linien und mit Ziffern*, 1557; *Ein New und Wolgegründt Rechenbuch*, 1612)。——原注

④ Peter Schreiber, "A Supplement to J. Shallit's Paper 'Origins of the Analysis of the Euclidean Algorithm,'" *Historia Mathematica* 22 (1995): 422—424. ——原注

命题 11 和第六卷命题 30 所描述的那个比例，虽然我们会越来越接近这个比例，但却不可能达到或超过它。

我们将使用符号 F_7 来表示第 7 个斐波那契数，用 F_n 来表示第 n 个斐波那契数，或者我们所说的一般斐波那契数，即任意斐波那契数。因此，用一般的形式来表示，我们将斐波那契数的规则写成 $F_{n+2}=F_n+F_{n+1}$，其中 $n \geq 1$，而 $F_1=F_2=1$。

让我们看看前 30 个斐波那契数。

$F_1=1$	$F_{11}=89$	$F_{21}=10\ 946$
$F_2=1$	$F_{12}=144$	$F_{22}=17\ 711$
$F_3=2$	$F_{13}=233$	$F_{23}=28\ 657$
$F_4=3$	$F_{14}=377$	$F_{24}=46\ 368$
$F_5=5$	$F_{15}=610$	$F_{25}=75\ 025$
$F_6=8$	$F_{16}=987$	$F_{26}=121\ 393$
$F_7=13$	$F_{17}=1597$	$F_{27}=196\ 418$
$F_8=21$	$F_{18}=2584$	$F_{28}=317\ 811$
$F_9=34$	$F_{19}=4181$	$F_{29}=514\ 229$
$F_{10}=55$	$F_{20}=6765$	$F_{30}=832\ 040$

在我们上面建立的模式中直接使用斐波那契数，就可以很容易地将 ϕ 的各次幂的列表扩展下去。

$$\phi=1\phi+0$$
$$\phi^2=1\phi+1$$
$$\phi^3=2\phi+1$$
$$\phi^4=3\phi+2$$
$$\phi^5=5\phi+3$$
$$\phi^6=8\phi+5$$
$$\phi^7=13\phi+8$$

$$\phi^8 = 21\phi + 13$$

$$\phi^9 = 34\phi + 21$$

$$\phi^{10} = 55\phi + 34$$

$$\phi^{11} = 89\phi + 55$$

$$\phi^{12} = 144\phi + 89$$

$$\phi^{13} = 233\phi + 144$$

$$\phi^{14} = 377\phi + 233$$

$$\cdots$$

斐波那契数在这里既作为 ϕ 的系数出现,也作为常数出现,那么我们就可以将 ϕ 的所有幂写成线性形式:$\phi^n = a\phi + b$,其中 a 和 b 是相继斐波那契数。一般情况下,我们可以将其写成:$\phi^n = F_n\phi + F_{n-1}$,其中 $n \geqslant 1$,而 $F_0 = 0$(这一陈述的证明请见附录)。

你还应该注意,ϕ 的每一次幂都是 ϕ 的前两个相邻的幂之和。我们可以建立起另一个包含斐波那契数和黄金分割比的惊人模式。这会涉及一种被称为**连分数**的结构。我们首先会简要介绍一下连分数①。连分数是分母中含有一个带分数(一个整数加一个真分数)的分数。我们可以取一个假分数,例如 $\dfrac{13}{7}$,并将其表示为带分数:$1\dfrac{6}{7} = 1 + \dfrac{6}{7}$。然后在不改变其值的情况下,我们可以将其写成

$$1 + \frac{6}{7} = 1 + \frac{1}{\dfrac{7}{6}}$$

这又可以写成(同样,数值没有任何变化):

---

① 连分数理论可以追溯到欧拉(Leonhard Euler, 1707—1783)。连分数更早的出现是在 17 世纪,当时惠更斯(Christian Huygens, 1629—1695)使用连分数构造齿轮来模拟太阳系,并试图用尽可能少的数来近似表示行星的相对速度。——原注
  欧拉是瑞士数学家和物理学家,近代数学先驱之一,对微积分和图论等多个领域都作出过重大贡献。——译注

$$1+\cfrac{1}{1+\cfrac{1}{6}}$$

这就是一个连分数。我们本可以继续这个过程,但当我们得到一个单位分数①$\left(\text{在本例中,}\dfrac{1}{6}\text{为单位分数}\right)$时,我们实质上就已经完成了。

为了更好地掌握这项技术,我们将构建另一个连分数。我们要把$\dfrac{12}{7}$转换为连分数形式。请注意,在每个阶段,当得到一个真分数时,我们就取其倒数的倒数(例如,

$$\text{将}\dfrac{2}{5}\text{改写为}\cfrac{1}{\cfrac{5}{2}}$$

正如我们在下面的示例中所做的那样),这不会改变其值:

$$\frac{12}{7}=1+\frac{5}{7}=1+\cfrac{1}{1+\cfrac{2}{5}}=1+\cfrac{1}{1+\cfrac{1}{\cfrac{5}{2}}}=1+\cfrac{1}{1+\cfrac{1}{2+\cfrac{1}{2}}}$$

如果我们将一个连分数不断地分解为其各组成部分(称为**各级渐近分数**),那么我们就会越来越接近原分数的实际值。

$$\frac{12}{7}\text{的第一级渐近分数}=1$$

$$\frac{12}{7}\text{的第二级渐近分数}=1+\frac{1}{1}=2$$

$$\frac{12}{7}\text{的第三级渐近分数}=1+\cfrac{1}{1+\cfrac{1}{2}}=1+\frac{2}{3}=1\frac{2}{3}=\frac{5}{3}$$

$$\frac{12}{7}\text{的第四级渐近分数}=1+\cfrac{1}{1+\cfrac{1}{2+\cfrac{1}{2}}}=\frac{12}{7}$$

---

① **单位分数**即分子为 1 的分数。——原注

上面这些例子都是**有限**连分数,它们都等价于一些有理数(可以表示为简单分数的数)。由此可以推断,无理数会导致**无限**连分数。事实正是如此。$\sqrt{2}$ 的连分数是无限连分数的一个简单例子(推导过程参见附录)。

$$\sqrt{2} = 1 + \cfrac{1}{2 + \cfrac{1}{2 + \cfrac{1}{2 + \cfrac{1}{2 + \cfrac{1}{2 + \cfrac{1}{2 + \cfrac{1}{2 + \cdots}}}}}}}$$

我们有一种简短的符号来写一个长(在这个例子中是无限长)连分数:$[1; 2, 2, 2, 2, 2, 2, \cdots]$,或者当有数字无限重复时,我们甚至可以将其写成一种更短的形式 $[1; \overline{2}]$,其中 2 上方的横线表示 2 无限重复。

一般而言,我们可以将一个连分式表示为:

$$a_0 + \cfrac{1}{a_1 + \cfrac{1}{a_2 + \cfrac{1}{a_3 + \cdots \cfrac{1}{a_{n-1} + \cfrac{1}{a_n}}}}}$$

其中 a_i 是实数,且对于 $i > 0, a_i \neq 0$。我们可以将它写成较短的形式:$[a_0; a_1, a_2, a_3, \cdots, a_{n-1}, a_n]$。

既然我们已经描述了连分数的概念,那就可以将其应用于黄金分割比了。我们从黄金分割方程开始:$\phi = 1 + \dfrac{1}{\phi}$。如果我们用 $1 + \dfrac{1}{\phi}$ 代替这个等式中的分数的分母 ϕ,就得到

$$\phi = 1 + \cfrac{1}{1 + \cfrac{1}{\phi}}$$

继续这一过程,每次都用值 $\phi=1+\dfrac{1}{\phi}$ 代替上一个等式的最后一个分母 ϕ,我们将得到以下结果:

$$\phi=1+\cfrac{1}{1+\cfrac{1}{\left(1+\cfrac{1}{\phi}\right)}}=[1;\ 1,\ 1,\ \phi]$$

重复这个过程,我们就得到一个**无限**连分数,看起来像这样:

$$\phi=1+\cfrac{1}{1+\cfrac{1}{1+\cfrac{1}{1+\cfrac{1}{1+\cfrac{1}{1+\cfrac{1}{1+\cfrac{1}{1+\cfrac{1}{1+\cdots}}}}}}}}$$

或 $\phi=[1;\ 1,\ 1,\ 1,\ 1,\ 1,\ \cdots]=[\overline{1}]$。

这为现在已经很有名的 ϕ 给出了它的另一个特征,即它等于那个所谓的最原始的无限连分数——全部由 1 构成的无限连分数。

让我们取这个连分数的各级渐近分数,每一步都会使我们越来越接近这个无限连分数的值。这些相继的渐近分数如下:

$$1=\frac{F_2}{F_1}=\frac{1}{1}=[1]=1$$

$$1+\frac{1}{1}=2$$

$$=\frac{F_3}{F_2}=\frac{2}{1}=[1;\ 1]=2$$

$$1+\cfrac{1}{1+\cfrac{1}{1}}=1+\frac{1}{2}=\frac{3}{2}$$

$$= \frac{F_4}{F_3} = \frac{3}{2} = [1; 1, 1] = 1.5$$

$$1 + \cfrac{1}{1 + \cfrac{1}{1 + \cfrac{1}{1}}} = 1 + \cfrac{1}{1 + \cfrac{1}{2}} = 1 + \cfrac{1}{\cfrac{3}{2}} = \frac{5}{3}$$

$$= \frac{F_5}{F_4} = \frac{5}{3} = [1; 1, 1, 1] = 1.\dot{6}$$

$$1 + \cfrac{1}{1 + \cfrac{1}{1 + \cfrac{1}{1 + \cfrac{1}{1}}}} = 1 + \cfrac{1}{1 + \cfrac{1}{1 + \cfrac{1}{2}}} = 1 + \cfrac{1}{1 + \cfrac{1}{\cfrac{3}{2}}} = 1 + \cfrac{1}{1 + \cfrac{2}{3}} = \frac{8}{5}$$

$$= \frac{F_6}{F_5} = \frac{8}{5} = [1; 1, 1, 1, 1] = 1.6$$

$$1 + \cfrac{1}{1 + \cfrac{1}{1 + \cfrac{1}{1 + \cfrac{1}{1 + \cfrac{1}{1}}}}} = 1 + \cfrac{1}{1 + \cfrac{1}{1 + \cfrac{1}{1 + \cfrac{1}{2}}}} = 1 + \cfrac{1}{1 + \cfrac{1}{1 + \cfrac{1}{\cfrac{3}{2}}}} = 1 + \cfrac{1}{1 + \cfrac{1}{1 + \cfrac{2}{3}}}$$

$$= 1 + \cfrac{1}{1 + \cfrac{1}{\cfrac{5}{3}}} = 1 + \cfrac{1}{\cfrac{8}{5}} = \frac{13}{8}$$

$$= \frac{F_7}{F_6} = \frac{13}{8} = [1; 1, 1, 1, 1, 1] = 1.625$$

$$1 + \cfrac{1}{1 + \cfrac{1}{1 + \cfrac{1}{1 + \cfrac{1}{1 + \cfrac{1}{1 + \cfrac{1}{1}}}}}} = 1 + \cfrac{1}{1 + \cfrac{1}{1 + \cfrac{1}{1 + \cfrac{1}{1 + \cfrac{1}{2}}}}} = 1 + \cfrac{1}{1 + \cfrac{1}{1 + \cfrac{1}{1 + \cfrac{1}{\cfrac{3}{2}}}}}$$

$$= 1 + \cfrac{1}{1 + \cfrac{1}{1 + \cfrac{1}{1 + \cfrac{2}{3}}}} = 1 + \cfrac{1}{1 + \cfrac{1}{1 + \cfrac{5}{3}}} = 1 + \cfrac{1}{1 + \cfrac{1}{\frac{8}{5}}} = 1 + \cfrac{1}{\frac{13}{8}} = \frac{21}{13}$$

$$= \frac{F_8}{F_7} = \frac{21}{13} = [1; 1, 1, 1, 1, 1, 1] = 1.\dot{6}1538\dot{4}$$

$$1 + \cfrac{1}{1 + \cfrac{1}{1 + \cfrac{1}{1 + \cfrac{1}{1 + \cfrac{1}{1 + \cfrac{1}{1 + \frac{1}{1}}}}}}} = 1 + \cfrac{1}{1 + \cfrac{1}{1 + \cfrac{1}{1 + \cfrac{1}{1 + \frac{1}{2}}}}} = 1 + \cfrac{1}{1 + \cfrac{1}{1 + \cfrac{1}{1 + \frac{3}{2}}}}$$

$$= 1 + \cfrac{1}{1 + \cfrac{1}{1 + \cfrac{1}{1 + \frac{2}{3}}}} = 1 + \cfrac{1}{1 + \cfrac{1}{1 + \frac{5}{3}}} = 1 + \cfrac{1}{1 + \frac{8}{5}}$$

$$= 1 + \cfrac{1}{1 + \frac{1}{\frac{13}{8}}}$$

$$= 1 + \cfrac{1}{\frac{21}{13}} = \frac{34}{21} = \frac{F_9}{F_8} = [1; 1, 1, 1, 1, 1, 1, 1] = 1.\dot{6}1904\dot{7}$$

$$1+\cfrac{1}{1+\cfrac{1}{1+\cfrac{1}{1+\cfrac{1}{1+\cfrac{1}{1+\cfrac{1}{1+\cfrac{1}{1+\cfrac{1}{1}}}}}}}} = 1+\cfrac{1}{1+\cfrac{1}{1+\cfrac{1}{1+\cfrac{1}{1+\cfrac{1}{1+\cfrac{1}{2}}}}}}$$

$$= 1+\cfrac{1}{1+\cfrac{1}{1+\cfrac{1}{1+\cfrac{1}{1+\cfrac{1}{\cfrac{3}{2}}}}}}$$

$$= 1+\cfrac{1}{1+\cfrac{1}{1+\cfrac{1}{1+\cfrac{1}{1+\cfrac{2}{3}}}}} = 1+\cfrac{1}{1+\cfrac{1}{1+\cfrac{1}{1+\cfrac{1}{\cfrac{5}{3}}}}}$$

$$= 1+\cfrac{1}{1+\cfrac{1}{1+\cfrac{1}{1+\cfrac{8}{5}}}} = 1+\cfrac{1}{1+\cfrac{1}{1+\cfrac{1}{\cfrac{13}{8}}}}$$

$$= 1+\cfrac{1}{1+\cfrac{1}{\cfrac{21}{13}}} = 1+\cfrac{1}{\cfrac{34}{21}} = \frac{55}{34} = \frac{F_{10}}{F_9} = [1; 1, 1, 1, 1, 1, 1, 1, 1]$$

$$= 1.\dot{6}17\ 647\ 058\ 823\ 529\ 4\dot{1}$$

随着它们不断地进行下去,你会注意到这些渐近分数似乎"从两边逼近"(或者说收敛到)φ的值。这个值我们现在已经非常熟悉了,它大约是 1.618 034。从这些不断增加的渐近分数中,我们也可以看出,这些渐近分数最终给出的最简分数值恰好是由斐波那契数组成的。

随着我们不断地进行下去,除了连分数

$$\phi = 1 + \cfrac{1}{1 + \cfrac{1}{1 + \cfrac{1}{1 + \cfrac{1}{1 + \cfrac{1}{1 + \cfrac{1}{1 + \cfrac{1}{1 + \cfrac{1}{1 + \cdots}}}}}}}}$$

会越来越接近 φ 的值之外,我们现在还会看到 φ 与斐波那契数之间另一个令人惊讶的关系。

在下面的列表中,我们可以看到斐波那契数列中的相继两项之比也接近 φ 的值。用数学术语来表述,我们说两个相继斐波那契数的商(比)

$$\frac{F_{n+1}}{F_n}$$

的极限就是 φ 的值。数学家们通常把这写成

$$\lim_{n \to \infty} \frac{F_{n+1}}{F_n} = \frac{\sqrt{5}+1}{2} = \phi$$

著名的苏格兰数学家西姆森(Robert Simson, 1687—1768)基于欧几里得的《几何原本》用英文写了一本书,这本书在很大程度上奠定了美国高中几何课程的基础。他也是把两个相继斐波那契数之比

$$\frac{F_{n+1}}{F_n}$$

会趋向黄金分割比 φ 这一概念普及化的第一人。不过,我们认为发现这一关系的是开普勒,他得出了两个相继斐波那契数之比的倒数

$$\frac{F_n}{F_{n+1}}$$

接近黄金分割比的倒数 $\frac{1}{\phi}$。

我们可以在表 3.2 的左列看到这一点,其中 F_n 表示第 n 个斐波那契数,F_{n+1} 表示下一个,即第 $n+1$ 个斐波那契数。

表 3. 2 相继斐波那契数之比①

$\dfrac{F_{n+1}}{F_n}$	$\dfrac{F_n}{F_{n+1}}$
$\dfrac{1}{1} = 1.000\ 000\ 000$	$\dfrac{1}{1} = 1.000\ 000\ 000$
$\dfrac{2}{1} = 2.000\ 000\ 000$	$\dfrac{1}{2} = 0.500\ 000\ 000$
$\dfrac{3}{2} = 1.500\ 000\ 000$	$\dfrac{2}{3} \approx 0.666\ 666\ 667$
$\dfrac{5}{3} = 1.666\ 666\ 667$	$\dfrac{3}{5} \approx 0.600\ 000\ 000$
$\dfrac{8}{5} = 1.600\ 000\ 000$	$\dfrac{5}{8} = 0.625\ 000\ 000$
$\dfrac{13}{8} = 1.625\ 000\ 000$	$\dfrac{8}{13} \approx 0.615\ 384\ 615$
$\dfrac{21}{13} \approx 1.615\ 384\ 615$	$\dfrac{13}{21} \approx 0.619\ 047\ 619$
$\dfrac{34}{21} \approx 1.619\ 047\ 619$	$\dfrac{21}{34} \approx 0.617\ 647\ 059$
$\dfrac{55}{34} \approx 1.617\ 647\ 059$	$\dfrac{34}{55} \approx 0.618\ 181\ 818$
$\dfrac{89}{55} \approx 1.618\ 181\ 818$	$\dfrac{55}{89} \approx 0.617\ 977\ 528$

① 此表中给出的所有值都四舍五入到小数点后九位。——原注

$\dfrac{F_{n+1}}{F_n}$	$\dfrac{F_n}{F_{n+1}}$
$\dfrac{144}{89} \approx 1.\,617\ 977\ 528$	$\dfrac{89}{144} \approx 0.\,618\ 055\ 556$
$\dfrac{233}{144} \approx 1.\,618\ 055\ 556$	$\dfrac{144}{233} \approx 0.\,618\ 025\ 751$
$\dfrac{377}{233} \approx 1.\,618\ 025\ 751$	$\dfrac{233}{377} \approx 0.\,618\ 037\ 135$
$\dfrac{610}{377} \approx 1.\,618\ 037\ 135$	$\dfrac{377}{610} \approx 0.\,618\ 032\ 787$
$\dfrac{987}{610} \approx 1.\,618\ 032\ 787$	$\dfrac{610}{987} \approx 0.\,618\ 034\ 448$

对左边一列的各分数取倒数,我们就得到右边一列,也正如预期的那样,右边一列接近 $\dfrac{1}{\phi} \approx 0.\,618\ 03$ 这个值。[①] 我们再次注意到 ϕ 与 $\dfrac{1}{\phi}$ 之间的这种极不寻常的关系,即 $\phi = \dfrac{1}{\phi} + 1$——这一次是通过斐波那契数得出的。

---

① 为了证明这一点,将数列 $\dfrac{F_{n+1}}{F_n}$ 的极限记为 L,则有

$$L = \lim_{n \to \infty} \frac{F_{n+1}}{F_n} = \lim_{n \to \infty} \frac{F_{n-1}+F_n}{F_n} = \lim_{n \to \infty} \left(\frac{F_{n-1}}{F_n} + \frac{F_n}{F_n} \right) = \lim_{n \to \infty} \left(\frac{F_{n-1}}{F_n} + 1 \right) = 1 + \lim_{n \to \infty} \frac{1}{\dfrac{F_n}{F_{n-1}}} = 1 + \frac{1}{L}$$

由 $L = 1 + \dfrac{1}{L}$,我们得到 $L^2 - L - 1 = 0$。于是 $L = \phi$ $\left($因为 $\dfrac{F_{n+1}}{F_n} > 0\right)$。因此,数列 $\dfrac{F_{n+1}}{F_n}$ 趋向 ϕ 的值,而数列 $\dfrac{F_n}{F_{n+1}}$ 趋向 $\dfrac{1}{\phi}$ 的值。——原注

比奈公式

到目前为止,我们得到斐波那契数的方式是将它们作为斐波那契数列的各项。如果我们希望找到一个特定的斐波那契数,而不列出排在它前面的所有各项,我们有一个通用的公式来实现这一点。换句话说,如果你想找到第 30 个斐波那契数,而不用写出直到第 29 项(即 F_{29})的那个斐波那契数列(这是一个有点麻烦的过程),那么你可以使用比奈公式。1843 年,数学家比奈(Jacques Philippe Marie Binet, 1786—1856)[1]提出了这个公式,它使我们能够求出任何斐波那契数,而不必像以前那样列出整个数列。**比奈公式**[2]如下:

$$F_n = \frac{1}{\sqrt{5}} \left[\phi^n - \left(-\frac{1}{\phi} \right)^n \right]$$

或者不用 ϕ,也可以将其表示为

$$F_n = \frac{1}{\sqrt{5}} \left[\left(\frac{\sqrt{5}+1}{2} \right)^n - \left(\frac{1-\sqrt{5}}{2} \right)^n \right]$$

这个公式使我们能对于任何正整数 n 求出对应的第 n 个斐波那契数 F_n(该公式的证明可在附录中找到)。

就像在数学中往往会发生的那样,当一个公式以一位数学家的名字命名时,就会出现争议:究竟是谁第一个发现了它。即使在今天,当一位数学家提出了一个看似新颖的想法时,其他人通常也会犹豫是否要将这项工作归功于此人。他们常会这样说:"这看起来像是原创的,但我们怎么知道之前没有别人做过呢?"对于比奈公式也有同样的情况。在比奈公布自己的研究结果时,并没有受到任何质疑,但随着时间的推移,一些事实浮出水面:棣莫弗(Abraham de Moivre, 1667—1754)在 1718 年就知道

---

[1] Jacques—Philippe Marie Binet, "Memoire sur l'integration des equations lineaires aux differences finies d'un ordre quelconque, a coefficients variables," *Comptes rendus de l'academie des sciences de Paris*, 17 (1843): 563. ——原注

[2] 该公式的推导可参见《斐波那契数列:定义自然法则的数学》,阿尔弗雷德·S.波萨门蒂、英格玛·莱曼著,涂泓、冯承天译,上海科技教育出版社,2024。——原注

了,尼古拉一世·伯努利(Nicolaus I Bernoulli, 1687—1759)在 1728 年也知道了,他的表兄丹尼尔·伯努利(Daniel Bernoulli, 1700—1782)似乎也在比奈之前知道了这个公式。[①] 多产的数学家欧拉据说早在 1765 年也已知道了。不过,今天人们还是将它称为**比奈公式**。

让我们稍作停顿,来欣赏一下这个公式的奇妙之处。对于任何正整数 n,公式中以 $\sqrt{5}$ 形式出现的那些无理数似乎从计算中消失了,一个斐波那契数出现了。换言之,比奈公式不但给出了求得任何斐波那契数的可能性,而且还可以将其表示为黄金分割比 ϕ。

现在我们来使用这个公式。让我们试着用它来求一个斐波那契数,比如求出第 128 个斐波那契数。我们用通常的方式很难得到这个斐波那契数,因为我们必须先写出斐波那契数列的前 128 项。应用比奈公式,当然,再用一台计算器,对于 $n = 128$,我们得到:

$$F_{128} = \frac{1}{\sqrt{5}}\left[\phi^{128} - \left(-\frac{1}{\phi}\right)^{128}\right] = \frac{1}{\sqrt{5}}\left[\left(\frac{\sqrt{5}+1}{2}\right)^{128} - \left(\frac{1-\sqrt{5}}{2}\right)^{128}\right]$$

$$= 251\ 728\ 825\ 683\ 549\ 488\ 150\ 424\ 261$$

正如我们前面所说的,我们也可以仅用黄金分割比 ϕ(以比奈公式的形式)来表示各斐波那契数

$$F_n = \frac{\phi^n - \left(-\dfrac{1}{\phi}\right)^n}{\phi + \dfrac{1}{\phi}}, \text{其中 } n \geqslant 1$$

[①] 伯努利家族就像一个宗族(3 代共出了 8 位数学家)——既闻名于世又彼此疏离! ——原注

卢卡斯数

我们已经熟悉斐波那契数了,因此我们记得它们的递归定义是: $F_{n+2}-F_{n+1}-F_n=0$,这一等式来自斐波那契数的原始定义: $F_{n+2}=F_n+F_{n+1}$,其中 $n\geqslant 1$,而 $F_1=F_2=1$。请回忆一下列在表 3.3 中的斐波那契数列:

表 3.3

n	1	2	3	4	5	6	7	8	9	10	11	12	13	14	15	16
F_n	1	1	2	3	5	8	13	21	34	55	89	144	233	377	610	987

假设我们不是从 1 和 1 开始,而是从 1 和 2 开始。那么我们仍然会生成一个类似的数列,只是会缺少第一个 1。卢卡斯[①]提出了一个类似的数列,这位法国数学家为世人近年来进一步认识斐波那契数作出了重要贡献。不过,卢卡斯的数列是从 1 和 3 开始的。也就是说,对于(现在被称为)**卢卡斯数**: $L_{n+2}=L_n+L_{n+1}$,其中 $n\geqslant 1$,而 $L_1=1$、$L_2=3$。该数列如表 3.4 所示:

表 3.4

n	1	2	3	4	5	6	7	8	9	10	11	12	13	14	15	16
L_n	1	3	4	7	11	18	29	47	76	123	199	322	521	843	1364	2207

又一次,我们的黄金分割比起作用了,因为我们也可以用黄金分割比来表示卢卡斯数:

$$L_n=\phi^n+\left(-\frac{1}{\phi}\right)^n,\text{其中 } n\geqslant 1$$

让我们来欣赏由 $\dfrac{L_{n+1}}{L_n}$ 构成的连分数,并注意它与由 $\dfrac{F_{n+1}}{F_n}$ 构成的连分数有何不同。

---

① 卢卡斯还因发明河内塔谜题和其他趣味数学题而闻名。1883 年,河内塔谜题以克劳斯(M. Claus)的名字出现。请注意,克劳斯(Claus)是卢卡斯(Lucas)的一个变位词。他关于趣味数学的四卷本著作(1882—1894)现已成为经典著作。卢卡斯死于一次宴会上的一个离奇事件,当时一个盘子掉了下来,有一块碎片飞起来划破了他的脸颊。几天后,他死于丹毒(一种浅表细菌性皮肤感染)。——原注

只有最后一个分母不同。它是 3 而不是 1——这也是这两个数列在第二个数上的不同：卢卡斯数列中的第二个数是 3，而斐波那契数列中的第二个数是 1。

例如，考虑下面两个例子：

$$\frac{F_7}{F_6}=\frac{13}{8}=1+\cfrac{1}{1+\cfrac{1}{1+\cfrac{1}{1+\cfrac{1}{1+\cfrac{1}{1}}}}} \qquad 和 \qquad \frac{L_7}{L_6}=\frac{29}{18}=1+\cfrac{1}{1+\cfrac{1}{1+\cfrac{1}{1+\cfrac{1}{3}}}}$$

一般而言，用简短的形式来表示，我们有下列等式：

$$\frac{L_2}{L_1}=\frac{3}{1}=[\,3\,]=3$$

$$\frac{L_3}{L_2}=\frac{4}{3}=[\,1\,;3\,]=1.\dot{3}$$

$$\frac{L_4}{L_3}=\frac{7}{4}=[\,1\,;1,3\,]=1.75$$

$$\frac{L_5}{L_4}=\frac{11}{7}=[\,1\,;1,1,3\,]=1.\dot{5}71\,42\dot{8}$$

$$\frac{L_6}{L_5}=\frac{18}{11}=[\,1\,;1,1,1,3\,]=1.6\dot{3}$$

$$\frac{L_7}{L_6}=\frac{29}{18}=[\,1\,;1,1,1,1,3\,]=1.6\dot{1}$$

$$\frac{L_8}{L_7}=\frac{47}{29}=[\,1\,;1,1,1,1,1,3\,]=1.\dot{6}20\,689\,655\,172\,413\,793\,103\,448\,275\,\dot{8}$$

$$\frac{L_9}{L_8}=\frac{76}{47}=[\,1\,;1,1,1,1,1,1,3\,]$$

$$=1.\dot{6}17\,021\,276\,595\,744\,680\,851\,063\,829\,787\,234\,042\,553\,191\,489\,\dot{3}$$

$$\frac{L_{10}}{L_9}=\frac{123}{76}=[\,1\,;1,1,1,1,1,1,1,3\,]=1.\dot{6}18\,421\,052\,631\,578\,947\,36\dot{1}$$

……

可能有人会问,这是否可以推广到任何一对起始数? 也就是说,如果我们用其他起始数对产生一个与斐波那契数列类似的数列,那么我们是否也能够用 φ 来表示这些数?

假设我们选择以起始数 $f_1 = 7$, $f_2 = 13$ 产生这样的一个数列,其递归关系与之前相同,即 $f_{n+2} = f_n + f_{n+1}$($n \geqslant 1$)。于是我们将得到如表 3.5 所示的以下数列(它没有像斐波那契数列或卢卡斯数列那样的特定名称):

表 3. 5

n	1	2	3	4	5	6	7	8	9	10	11	12	13	14	15
f_n	7	13	20	33	53	86	139	225	364	589	953	1542	2495	4037	6532

然而,令人大为惊讶的是,随着这个数列中的数越来越大,其相继项之比会趋向黄金分割比,就像之前的斐波那契数和卢卡斯数一样。请注意表 3.6 中的比例 $\frac{f_{n+1}}{f_n}$ 如何趋向极限 φ = 1. 618 033 988 749 894 848 2…。人们认为斐波那契数提供了 φ 的最佳近似方式,但从表 3.6 中并不容易看出这一点。①

表 3. 6

n	$\dfrac{F_{n+1}}{F_n}$	$\dfrac{L_{n+1}}{L_n}$	$\dfrac{f_{n+1}}{f_n}$
1	1	3	1. 857 142 857
2	2	1. 333 333 333	1. 538 461 538
3	1. 5	1. 75	1. 65
4	1. 666 666 666	1. 571 428 571	1. 606 060 606
5	1. 6	1. 636 363 636	1. 622 641 509
6	1. 625	1. 611 111 111	1. 616 279 069
7	1. 615 384 615	1. 620 689 655	1. 618 705 035

① 为了理解斐波那契数之比是 φ 的最佳可能近似方式的精确意义,请参阅 Keith Ball, *Strange Curves, Counting Rabbits, and Other Mathematical Explorations* (Princeton, NJ: Princeton University Press, 2003), pp. 163—164。——原注

自然与艺术中的美丽结构
黄金分割

n	$\dfrac{F_{n+1}}{F_n}$	$\dfrac{L_{n+1}}{L_n}$	$\dfrac{f_{n+1}}{f_n}$
8	1. 619 047 619	1. 617 021 276	1. 617 777 777
9	1. 617 647 058	1. 618 421 052	1. 618 131 868
10	1. 618 181 818	1. 617 886 178	1. 617 996 604
11	1. 617 977 528	1. 618 090 452	1. 618 048 268
12	1. 618 055 555	1. 618 012 422	1. 618 028 534
13	1. 618 025 751	1. 618 042 226	1. 618 036 072
14	1. 618 037 135	1. 618 030 842	1. 618 033 192
15	1. 618 032 786	1. 618 035 190	1. 618 034 292
16	1. 618 034 447	1. 618 033 529	1. 618 033 872
17	1. 618 033 813	1. 618 034 164	1. 618 034 033
18	1. 618 034 055	1. 618 033 921	1. 618 033 971
19	1. 618 033 963	1. 618 034 014	1. 618 033 995
20	**1. 618 033 998**	**1. 618 033 978**	**1. 618 033 986**
$\vdots$	$\vdots$	$\vdots$	$\vdots$
100	**1. 618 033 988**	**1. 618 033 988**	**1. 618 033 988**

如果我们取 φ 的 50 位近似值 1. 618 033 988 749 894 848 204 586 834 365 638 117 720 309 179 805 7…，就可以更清楚地看到这一点。

现在将这个值与 $n = 100$ 时的下面这些近似值进行比较

$$\frac{F_{n+1}}{F_n} = \textbf{1. 618 033 988 749 894 848 204 586 834 365 638 117 720 3}12\ 743\ 963\ 7$$

$$\frac{L_{n+1}}{L_n} = \textbf{1. 618 033 988 749 894 848 204 586 834 365 638 117 720 3}05\ 615\ 647\ 7$$

$$\frac{f_{n+1}}{f_n} = \textbf{1. 618 033 988 749 894 848 204 586 834 365 638 117 720 3}08\ 278\ 397\ 1$$

奇怪的是，如果我们取卢卡斯数与斐波那契数之比 $\dfrac{L_n}{F_n}$，它似乎在趋向

$\sqrt{5} = 2. 236\ 064\ 977\cdots$，如表 3. 7 所示。

表 3. 7

n	$\dfrac{L_n}{F_n}$
1	1
2	3
3	2
4	2. 333 333 333
5	2. 2
6	2. 25
7	2. 236 067 977
8	2. 230 769 230
9	2. 238 095 238
10	2. 235 294 117
11	2. 236 363 636
12	2. 235 955 056
13	2. 236 111 111
14	2. 236 051 502
15	2. 236 074 270
16	2. 236 065 573
17	2. 236 068 895
18	2. 236 067 626
19	2. 236 068 111
20	2. 236 067 926
⋮	⋮
100	**2. 236 067 997**

黄金分割比的性质

如果我们计算间隔的斐波那契数之比，随着这些数的增大，极限值将趋向 $\phi+1$，观察到这一点可能会令你印象更为深刻。换一种说法是，不断增大 $\dfrac{F_{n+2}}{F_n}$ 中的斐波那契数，这个比例就会逐渐趋近 $\phi+1$ 的值，如表 3.8 所示：

表 3.8

n	$\dfrac{F_{n+2}}{F_n}$	$\dfrac{F_{n+2}}{F_n}$ 的近似值	$\sqrt{\dfrac{F_{n+2}}{F_n}}$	$\sqrt{\dfrac{F_{n+2}}{F_n}}$ 的近似值
1	$\dfrac{F_3}{F_1}=\dfrac{2}{1}$	2	$\sqrt{\dfrac{F_3}{F_1}}=\sqrt{\dfrac{2}{1}}$	1. 414 213 562
2	$\dfrac{F_4}{F_2}=\dfrac{3}{1}$	3	$\sqrt{\dfrac{F_4}{F_2}}=\sqrt{\dfrac{3}{1}}$	1. 732 050 807
3	$\dfrac{F_5}{F_3}=\dfrac{5}{2}$	2. 5	$\sqrt{\dfrac{F_5}{F_3}}=\sqrt{\dfrac{5}{2}}$	1. 581 138 830
4	$\dfrac{F_6}{F_4}=\dfrac{8}{3}$	2. 666 666 666	$\sqrt{\dfrac{F_6}{F_4}}=\sqrt{\dfrac{8}{3}}$	1. 632 993 161
5	$\dfrac{F_7}{F_5}=\dfrac{13}{5}$	2. 6	$\sqrt{\dfrac{F_7}{F_5}}=\sqrt{\dfrac{13}{5}}$	1. 612 451 549
6	$\dfrac{F_8}{F_6}=\dfrac{21}{8}$	2. 625	$\sqrt{\dfrac{F_8}{F_6}}=\sqrt{\dfrac{21}{8}}$	1. 620 185 174
7	$\dfrac{F_9}{F_7}=\dfrac{34}{13}$	2. 615 384 615	$\sqrt{\dfrac{F_9}{F_7}}=\sqrt{\dfrac{34}{13}}$	1. 617 215 080
8	$\dfrac{F_{10}}{F_8}=\dfrac{55}{21}$	1. 619 047 619	$\sqrt{\dfrac{F_{10}}{F_8}}=\sqrt{\dfrac{55}{21}}$	1. 618 347 187
9	$\dfrac{F_{11}}{F_9}=\dfrac{89}{34}$	2. 617 647 058	$\sqrt{\dfrac{F_{11}}{F_9}}=\sqrt{\dfrac{89}{34}}$	1. 617 914 416
10	$\dfrac{F_{12}}{F_{10}}=\dfrac{144}{55}$	2. 618 181 818	$\sqrt{\dfrac{F_{12}}{F_{10}}}=\sqrt{\dfrac{144}{55}}$	1. 618 079 669
$\vdots$	$\vdots$	$\vdots$	$\vdots$	$\vdots$
100	$\dfrac{F_{102}}{F_{100}}$	2. 618 033 988	$\sqrt{\dfrac{F_{102}}{F_{100}}}$	1. 618 033 988

不过,如果我们考虑数列

$$\sqrt{\frac{F_{n+2}}{F_n}}$$

它趋向黄金分割比 ϕ,相比之下,数列 $\frac{F_{n+2}}{F_n}$ 的值则趋向 $\phi+1$。如果考虑到我们已经确定了 $\phi+1=\phi^2$ 这一点,那么上述关系应该不会完全出乎意料。[①]

将斐波那契数与黄金分割比联系起来的另一个小花絮可以从以下方式看出:取位置数为 2 的各次幂的那些斐波那契数的倒数并求出这一级数。

$$\frac{1}{F_1}+\frac{1}{F_2}+\frac{1}{F_4}+\frac{1}{F_8}+\frac{1}{F_{16}}+\cdots+\frac{1}{F_{2^k}}+\cdots=4-\phi\approx2.381\,966\,011\,250\,105\,151\,7$$

或者写成另一种形式

$$\sum_{k=0}^{\infty}\frac{1}{F_{2^k}}=4-\phi$$

当 $k=6$ 时,我们得到了一个相当好的近似值:

$$\frac{1}{1}+\frac{1}{1}+\frac{1}{3}+\frac{1}{21}+\frac{1}{987}+\frac{1}{2\,178\,309}+\frac{1}{10\,610\,209\,857\,723}$$

$$\approx\mathbf{2.381\,966\,011\,250\,105\,151\,795\,413\,161\,66}[②]$$

当你将其与 $4-\phi\approx2.381\,966\,011\,250\,105\,151\,795\,413\,165\,63$ 这个值

自然与艺术中的美丽结构

黄金分割

66

[①] 如果我们将数列 $\frac{F_{n+2}}{F_n}$ 的极限记为 G,那么我们有

$$G=\lim_{n\to\infty}\frac{F_{n+2}}{F_n}=\lim_{n\to\infty}\frac{F_n+F_{n+1}}{F_n}=\lim_{n\to\infty}\left(\frac{F_n}{F_n}+\frac{F_{n+1}}{F_n}\right)=\lim_{n\to\infty}\left(1+\frac{F_{n+1}}{F_n}\right)=1+\phi=\phi^2$$

或 $G=\lim_{n\to\infty}\frac{F_{n+2}}{F_n}=\lim_{n\to\infty}\left(\frac{F_{n+2}}{F_{n+1}}\cdot\frac{F_{n+1}}{F_n}\right)=\lim_{n\to\infty}\frac{F_{n+2}}{F_{n+1}}\cdot\lim_{n\to\infty}\frac{F_{n+1}}{F_n}=\phi\cdot\phi=\phi^2$

因此 $\lim_{n\to\infty}\sqrt{\frac{F_{n+2}}{F_n}}=\phi$。——原注

[②] 关于这一点的证明,请参见 I. J. Good, "A Reciprocal Series of Fibonacci Numbers," *Fibonacci Quarterly* 12, no. 4 (1974): 346。——原注

作比较时,就能理解这一点了。

有许多数值表达式可以用来表示黄金分割比的特征,但没有一个能比像黄金分割比与其倒数之间的独特关系更为简单:$\phi - \dfrac{1}{\phi} = 1$ 和 $\phi \cdot \dfrac{1}{\phi} = 1$,因为没有任何其他数符合这些关系!

如果我们考虑到上述关系再来观察 ϕ,就可能会推导出许多变体。例如,哪个正数比其倒数大 1?是的,现在你很可能已经猜到了:ϕ。

该问题给出以下等式:$x = \dfrac{1}{x} + 1$,而该式可写成 $x^2 = 1 + x$,即 $x^2 - x - 1 = 0$。这个方程的正根是:

$$x = \frac{1+\sqrt{5}}{2} = \phi$$

是的,黄金分割比!

也可以这样说,ϕ 是唯一比其自身的平方小 1 的数,即 $x = x^2 - 1$,这就回到了之前的那个方程:$x^2 - x - 1 = 0$,将 $x = \phi$ 代入此式,得到 $\phi = \phi^2 - 1$。这就是我们之前看到的 $\phi^2 = \phi + 1$ 这一关系,当时我们用它来生成 ϕ 的幂。

随着我们更深入地研究黄金分割比的表示,我们可以提出这样一个问题:下列每个方程的解是什么?

$$x^2 - x - 1 = 0$$
$$x^3 - x^2 - x = 0$$
$$x^4 - x^3 - x^2 = 0$$
$$x^5 - x^4 - x^3 = 0$$
$$\cdots$$
$$x^{n+2} - x^{n+1} - x^n = 0$$

如果我们将这些方程中的每一个都除以 x^n,其中 n 是所研究的方程第三项的幂,我们就得到以下方程:$x^2 - x - 1 = 0$,这个方程的解我们现在已经非常熟悉了:ϕ 和 $-\dfrac{1}{\phi}$,即黄金分割比!

此外，当我们考虑 $ax^2+bx+c=0$（其中 a、b 和 c 取值为 1 或 -1）形式的方程时，我们可以通过多种方式得到黄金分割比，只要不取复数根。[①] 表 3.9 展示了这些方程的解。

表 3.9

a	b	c	根	对根的详细描述
1	1	1	$-\dfrac{1}{2}\pm\dfrac{\sqrt{3}}{2}\cdot i$	复数根
1	1	-1	$-\dfrac{1}{2}\pm\dfrac{\sqrt{5}}{2}$	$-\phi=-\dfrac{\sqrt{5}+1}{2}$；$\dfrac{1}{\phi}=\dfrac{\sqrt{5}-1}{2}$
1	-1	1	$\dfrac{1}{2}\pm\dfrac{\sqrt{3}}{2}\cdot i$	复数根
1	-1	-1	$\dfrac{1}{2}\pm\dfrac{\sqrt{5}}{2}$	$\phi=\dfrac{\sqrt{5}+1}{2}$；$-\dfrac{1}{\phi}=-\dfrac{\sqrt{5}-1}{2}$
-1	1	1	$\dfrac{1}{2}\pm\dfrac{\sqrt{5}}{2}$	$\phi=\dfrac{\sqrt{5}+1}{2}$；$-\dfrac{1}{\phi}=-\dfrac{\sqrt{5}-1}{2}$
-1	1	-1	$\dfrac{1}{2}\pm\dfrac{\sqrt{3}}{2}\cdot i$	复数根
-1	-1	1	$-\dfrac{1}{2}\pm\dfrac{\sqrt{5}}{2}$	$-\phi=-\dfrac{\sqrt{5}+1}{2}$；$\dfrac{1}{\phi}=\dfrac{\sqrt{5}-1}{2}$
-1	-1	-1	$-\dfrac{1}{2}\pm\dfrac{\sqrt{3}}{2}\cdot i$	复数根

当我们寻求各种方式来表示 ϕ 的值时，也不能忽视 π 的值。我们可以取近似值来揭示其中的关系。可以证明，一个半径长度为 $\sqrt{\phi}$ 的圆的周长近似等于一个边长为 2 的正方形的周长。也就是说，这个圆的周长是 $2\pi\sqrt{\phi}\approx7.992\approx8$，而这个正方形的周长是 $4\times2=8$。

这样就可以用 ϕ 来给出 π 的一个近似值：我们有 $\pi\sqrt{\phi}\approx4$，而这可以写成 $\sqrt{\phi}\approx\dfrac{4}{\pi}$，即 $\phi\approx\dfrac{16}{\pi^2}$，非常接近 $\phi\approx1.618$。

---

① 复数的形式为 $a+bi$，其中 a 和 b 是实数，而 $i=\sqrt{-1}$。——原注

无理数只能用十进制的分数来**近似**表示。例如,阿基米德①发现了无理数 $\pi = 3.141\,592\,653\cdots$ 的近似值: $\dfrac{223}{71} < \pi < \dfrac{22}{7}$。

检查这两个上下限分数,我们发现 $\dfrac{223}{71}$ 有一个长度为 35 的周期(即小数部分从第 35 位以后开始重复): 3.**140 845 070 422 535 211 267 605 633 802 816 90**1 408 450⋯。而分数 $\dfrac{22}{7}$ 有一个长度为 6 的周期: 3.**142 857** 142 857 142⋯。不过,我们注意到这两个分数都将 π 的值精确到小数点后两位。另一方面,分数 $\dfrac{355}{113}$ 对 π 值的近似精确到了小数点后 6 位: $\dfrac{355}{113} =$ 3.**141 592** 920⋯。

对于黄金分割比 $\phi = 1.618\,033\,988\cdots$ 也有类似的情况,例如,有如下精确到 5 位小数的近似值(使用斐波那契数): $\dfrac{987}{610} = 1.\mathbf{618\,032}\,786\cdots$。

这并不奇怪,因为我们已经看到,两个相继的斐波那契数的商会产生越来越接近黄金分割比 φ 的近似值。

在分子和分母具有相同位数的情况下,φ 的最佳近似值都是用斐波那契数实现的。正如我们所看到的,例如,用两个一位数构成的分数是 $\dfrac{8}{5} =$ 1.**6**,用两个两位数构成的分数是 $\dfrac{89}{55} = 1.\mathbf{618}\,181\,818\cdots$。

从我们对连分数的研究中,我们发现 φ 和 $\dfrac{1}{\phi}$ 可以用所有连分数中最简单的那个来表示,因为此时它们全部由 1 组成。令人遗憾的是,尽管它们"简单",但需要最大量的分数才能在无穷处达到它们的渐近分数。据此我们也许可以说,黄金分割比及其倒数是最无理的数,因为它们需要最

----

① 阿基米德(Archimedes,前 287—前 212),古希腊数学家、物理学家、工程师、天文学家,静态力学和流体静力学的奠基人,他的研究对数学和物理学产生了深远影响。——译注

多个数的分数才能达到最佳近似。不过，我们稍后将会看到，尽管这是一个相当令人沮丧的评价，但黄金分割比在艺术和自然方面显示出的美远远高于其他所有数。

ф 还有许多其他数字表示。其中一些用到了三角函数。我们将在这里展示一部分。你可能想验证它们的（正确）值。

$$\phi = 2\sin\frac{3\pi}{10} = 2\sin 54° \qquad\qquad \phi = 2\cos\frac{\pi}{5} = 2\cos 36°$$

$$\phi = \frac{3-\tan^2\frac{\pi}{5}}{1+\tan^2\frac{\pi}{5}} = \frac{3-\tan^2 36°}{1+\tan^2 36°} \qquad\qquad \frac{1}{\phi} = 2\cos\frac{2\pi}{5} = 2\cos 72°$$

$$\frac{1}{\phi} = 2\sin\frac{\pi}{10} = 2\sin 18° \qquad\qquad \phi = \frac{1}{2\cos\frac{2\pi}{5}} = \frac{1}{2\cos 72°}$$

$$\phi = \frac{1}{2\sin\frac{\pi}{10}} = \frac{1}{2\sin 18°}$$

阅读一下附录，你就可以了解更多可以得出黄金分割比的三角函数关系。

既然我们正在讨论关于三角函数的话题，也许可以来看看一件有趣且值得注意的事情：通过三角函数，我们可以将 π 的值与黄金分割比用以下各式联系起来，在下面的这些等式中，我们用 ф 来表示 π 的值。

$$\pi = 2\left(\arctan\frac{1}{\phi^5} + \arctan\phi^5\right) \text{ 或 } \pi = 6\arctan\frac{1}{\phi} - 2\arctan\frac{1}{\phi^5}$$

这些表述的理由请见附录。

如你所见，黄金分割比可以用多种方式来表示。在第 5 章中，我们将继续介绍这个显然是无处不在的数的一些令人惊讶的表现。

第4章　黄金几何图形

如前所述，"黄金"一词在很大程度上来源于这样一种信念：尺寸符合黄金分割的矩形是所有矩形中最赏心悦目的，因此被称为"黄金矩形"。① 因此，我们现在开始仔细审视黄金矩形和其他具有黄金分割尺寸的几何图形就再合适不过了。

---

① 例如，德国实验心理学家费希纳（Gustav Fechner, 1801—1887）开始认真研究黄金矩形是否具有特殊的美学上的心理吸引力。费希纳对常见的各种矩形，如扑克牌、写字簿、书籍、窗户等，进行了数千次测量。他发现其中的大多数矩形的长宽比都接近于 φ［费希纳，《论与实验有关的美学》（*Zur experimentalen Ästhetik*, Leipzig, Germany：Breitkopf & Härtl, 1876）］。参见《斐波那契数列：定义自然法则的数学》，阿尔弗雷德·S.波萨门蒂、英格玛·莱曼著，涂泓、冯承天译，上海科技教育出版社，2024。——原注

黄金矩形

我们记得,黄金矩形的尺寸为 l(长)和 w(宽),因此黄金分割比的形式就是 $\dfrac{l}{w}=\dfrac{w+l}{w}$,方便起见,我们称之为 ϕ。我们可以考虑黄金矩形 $ABCD$(图 4.1),其中长 $l=a+b$,宽 $w=a$,因此黄金分割比 $\dfrac{l}{w}=\dfrac{a+b}{a}=\phi$。由此可得 $\dfrac{a}{b}=\phi$。(如果你需要复习的话,请参见第 1 章)

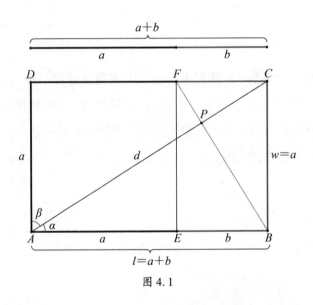

图 4.1

在图 4.1 中,如果我们从黄金矩形 $ABCD$ 中切掉一个正方形($AEFD$),就会留下矩形 $EBCF$,而它本身也是一个黄金矩形,因为它的尺寸符合比例 $\dfrac{l}{w}=\dfrac{a}{b}=\phi$。

如果线段 AB 上的点 E 将 AB 分成的两段之比 $\dfrac{AE}{EB}$ 等于黄金分割比 ϕ,那么 E 有时被称为 AB 的**黄金分割点**。

为了进一步描述黄金矩形,我们可以使用简单的三角运算来确定这个矩形的对角线将直角分割成的角度大小:在图 4.1 中,标记为 $\alpha = \angle BAC$ 的角度可根据 $\tan \alpha = \dfrac{BC}{AB} = \dfrac{a}{a+b}$ 求出,这给出了此角度的大小 $\alpha \approx 31.717\ 474\ 41°$。四舍五入到 $\alpha \approx 31.72°$,由此可以得到它的余角 $\beta \approx 58.28°$。

现在来求黄金矩形的对角线 AC 的长度,对 $\triangle ACD$ 应用毕达哥拉斯定理,得到

$$d^2 = (a+b)^2 + a^2 = 2a^2 + 2ab + b^2$$

$$\frac{d^2}{a^2} = 2 + 2 \cdot \frac{b}{a} + \frac{b^2}{a^2} = 2 + 2 \cdot \frac{1}{\phi} + \frac{1}{\phi^2} = 2 + 2(\phi-1) + (\phi-1)^2 = \phi^2 + 1$$

$$\frac{d^2}{(a+b)^2} = \frac{(a+b)^2 + a^2}{(a+b)^2} = 1 + \frac{a^2}{(a+b)^2} = 1 + \frac{1}{\phi^2}$$

为了对黄金矩形的边与对角线之间的关系有一个"感觉",我们求出

$$\frac{d}{a} = \sqrt{\frac{5+\sqrt{5}}{2}} = \sqrt{\phi^2 + 1}$$

$$\frac{d}{a+b} = \frac{d}{a\phi} = \frac{d}{a} \cdot \frac{1}{\phi} = \sqrt{\phi^2+1} \cdot \frac{1}{\phi} = \frac{\sqrt{\phi^2+1}}{\phi} = \sqrt{\frac{5-\sqrt{5}}{2}}。$$

将这些等式结合起来,我们就得到黄金矩形的对角线、长和宽之间的比例为 $d : (a+b) : a = \sqrt{\phi^2+1} : \phi : 1$。请注意黄金分割比 ϕ 在整个黄金矩形中是如何无处不在的!

我们对这一比例的迷恋还在继续;因为当我们计算出黄金矩形 $ABCD$ 的面积时,我们惊奇地发现黄金分割显现出来。考虑黄金矩形 $ABCD$ 的面积 S_{ABCD} 与正方形 $AEFD$ 的面积 S_{AEFD}(其边长为 a)的关系,就可以看出这一点,即

$$\frac{S_{ABCD}}{S_{AEFD}} = \frac{a(a+b)}{a^2} = \frac{a+b}{a} = \phi$$

有趣的是,正方形 $AEFD$(其边长为 a)的面积 S_{AEFD} 与黄金矩形 $EBCF$(边长为 a 和 b)的面积 S_{EBCF} 之比也揭示出黄金分割比:

$$\frac{S_{AEFD}}{S_{EBCF}} = \frac{a^2}{ab} = \frac{a}{b} = \phi$$

现在来比较两个黄金矩形 $ABCD$ 和 $EBCF$（边长为 b 和 a）的面积，我们得到

$$\frac{S_{ABCD}}{S_{EBCF}} = \frac{a(a+b)}{ab} = \frac{a+b}{b} = \frac{a+b}{\dfrac{a}{\phi}} = \frac{a+b}{a} \cdot \phi = \phi^2$$

黄金分割比又出现了——虽然这一次是黄金分割比的平方。

由于所有黄金矩形（图 4.1）具有相同的形状，因此黄金矩形 $ABCD$ 与黄金矩形 $EBCF$ 是相似的。这意味着 $\triangle BCF \backsim \triangle ABC$，因此 $\angle CFB$ 等于 $\angle BCA(\beta)$，而 $\angle BCA$ 与 $\angle FCA(\alpha)$ 互余。因此 $\angle CFB$ 与 $\angle FCA$ 互余。所以 $\angle FPC$ 必定是一个直角，即 $AC \perp BF$。我们将使用相继黄金矩形的两条对角线之间的垂直关系。一般而言，如果一个矩形的宽是另一个矩形的长，并且这两个矩形相似，那么我们就把它们称为**互反矩形**。在这种情况下，相似矩形的对应边之比（称为相似比）为 ϕ。还可以证明，如图 4.1 这样画在一起的互反矩形的对应对角线是相互垂直的，正如我们对这些特殊的互反矩形（即黄金矩形）所证明的那样。

在图 4.2 中，我们看到矩形 $ABCD$ 和矩形 $EBCF$ 是互反矩形。此外，我们刚刚确定了互反矩形的对应对角线是相互垂直的。

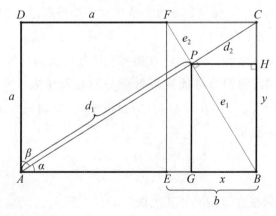

图 4.2

正如你将看到的，黄金分割在黄金矩形中几乎有着无穷无尽的表现。例如，从两条对角线 AC 和 BF 的交点 P 向两边 AB 和 BC 分别作垂线所

得到的矩形,如图 4.2 所示。利用图 4.2 中所示的这些长度,我们可以得到以下结果:

$$\frac{a+b}{a}=\frac{y}{x}=\frac{a-y}{b-x}=\phi=\frac{\sqrt{5}+1}{2}$$

进一步,我们可以作另一个比较,得到

$$\frac{d_1}{d_2}=\frac{e_1}{e_2}=\phi^2=\phi+1=\frac{\sqrt{5}+3}{2}$$

这表明这两条对角线的交点将这两条对角线都分别分成一个包含着黄金分割比的比例(这一点的证明可以在附录中找到)。

让我们再次考虑一个边长为 a 的正方形,以及一个长为 a、宽为 b 的矩形,它们按图 4.3 的方式放置,两个矩形的对角线相交。我们现在要确定这两条对角线被分割成的比例,正如你现在已经可以猜到的,这个比例又是黄金分割比。

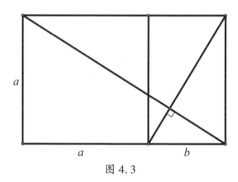

图 4.3

现在我们考虑两条对角线(图 4.4)以及另一条线段 HKJ,$HKJ \perp FJE$。我们还记得对角线 DE 和 BF 垂直相交于点 G。

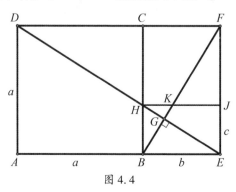

图 4.4

这里现在有了很多相似的直角三角形：$\triangle EAD \backsim \triangle BCF \backsim \triangle FEB \backsim \triangle EGB \backsim \triangle EBH \backsim \triangle BGH \backsim \triangle DCH \backsim \triangle DFE \backsim \triangle DGF \backsim \triangle FGE \backsim \triangle HJE \backsim \triangle FJK \backsim \triangle HGK$。

前两个相似三角形（$\triangle EAD \backsim \triangle BCF$）给出了如下结果：$\dfrac{AD}{AE} = \dfrac{CF}{BC}$，这也可表示为 $\dfrac{a}{a+b} = \dfrac{b}{a}$，由此得到：

$$a^2 = b(a+b) = ab + b^2$$

如果我们将上式的各项都除以 b^2，就得到 $\dfrac{a^2}{b^2} = \dfrac{ab}{b^2} + \dfrac{b^2}{b^2}$，而当我们设 $x = \dfrac{a}{b}$ 时，就得到了我们已经很熟悉的黄金分割方程，$x^2 - x - 1 = 0$。

由于 x 为正，我们得出结论

$$x = \frac{a}{b} = \frac{\sqrt{5}+1}{2} = \phi$$

这也可以写成 $b = \dfrac{a}{\phi}$。现在来考虑 DE 和 BF 这两条对角线。由 $\triangle EAD \backsim \triangle FEB$，可以得出 $\dfrac{DE}{BF} = \dfrac{AE}{EF}$，因此 $\dfrac{DE}{BF} = \dfrac{a+b}{a} = \dfrac{a}{b} = \phi$。这两条对角线也符合黄金分割。

从图 4.4 中，我们还能得出许多其他的黄金分割比。例如，你可能想证明以下各式：

$$\frac{AE}{AB} = \frac{a+b}{a} = \phi, \frac{AB}{BE} = \frac{a}{b} = \phi$$

$$\frac{CH}{BH} = \frac{a-c}{c} = \phi, \text{于是 } c = BH = \frac{a}{\phi+1} = \frac{a}{\phi^2} = \frac{b}{\phi}$$

$$\frac{BF}{EH} = \frac{BC}{BE} = \frac{a}{b} = \phi$$

$$\frac{EH}{BK} = \frac{HJ}{BH} = \frac{b}{c} = \frac{\dfrac{a}{\phi}}{\dfrac{a}{\phi^2}} = \phi$$

沿着对角线的各线段也符合黄金分割：

$$\frac{DH}{FK}=\frac{CD}{FJ}=\frac{a}{a-c}=\frac{a}{a-\dfrac{a}{\phi^2}}=\frac{1}{1-\dfrac{1}{\phi^2}}=\frac{\phi^2}{\phi^2-1}=\frac{\phi^2}{\phi+1-1}=\phi$$

$$\frac{DH}{EH}=\frac{CD}{BE}=\frac{a}{b}=\phi$$

$$\frac{EG}{BG}=\frac{BE}{BH}=\frac{b}{c}=\frac{\dfrac{a}{\phi}}{\dfrac{a}{\phi^2}}=\phi$$

$$\frac{GH}{GK}=\frac{BH}{HK}=\frac{AE}{AD}=\frac{a+b}{a}=\frac{a}{b}=\phi$$

这应该会使你信服，黄金分割比可以在整个黄金矩形及其相关的各部分中找到。

现在让我们来看看黄金矩形的另一个有趣的情况。考虑一个四边形内接于一个正方形，使该四边形在正方形各边上的顶点将该边分成黄金分割，如图 4.5 所示。也就是说，点 P、Q、R 和 S 分别将边 AB、BC、CD 和 AD 分为黄金分割。

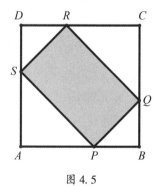

图 4.5

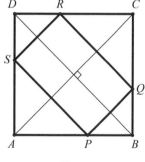

图 4.6

在图 4.6 中，我们可以确定线段 PS、BD 和 QR 是相互平行的，因为根据黄金分割比，我们有以下比例关系：$\dfrac{AP}{BP}=\dfrac{AS}{DS}$ （$=\phi$）和 $\dfrac{CQ}{BQ}=\dfrac{CR}{DR}$ （$=\phi$）。同理可得 $\dfrac{AP}{BP}=\dfrac{CQ}{BQ}$ （$=\phi$）和 $\dfrac{AS}{DS}=\dfrac{CR}{DR}$ （$=\phi$），因此 $PQ\text{//}AC\text{//}RS$。

这使我们能确定四边形 PQRS 是一个平行四边形。不仅如此,这个平行四边形是一个矩形,因为它的各边分别平行于正方形 ABCD 的两条相互垂直的对角线。现在我们需要证明这个矩形(PQRS)是一个黄金矩形。

我们可以根据黄金分割比 $\dfrac{AP}{BP}=\dfrac{AS}{DS}=\dfrac{CQ}{BQ}=\dfrac{CR}{DR}=\phi$ 得出结论:△APS、△BPQ、△CQR 和△DRS 彼此相似。根据△APS ∽ △BPQ 和 $\dfrac{AP}{BP}=\dfrac{AS}{BQ}=\phi$ 以及 $\dfrac{PS}{PQ}=\phi$,我们可以确定矩形 PQRS 是一个黄金矩形。

现在我们来考虑一类特殊的直角三角形,其一条直角边长与斜边长的乘积等于另一条直角边长的平方。在图 4.7 中,我们有一个边长为 a、b 和 c 的直角三角形,其中 $a \leqslant b \leqslant c, ac=b^2$。你能猜到图 4.7 所示的两个四边形的各边和其面积之间存在什么关系吗?继续看下去,你会发现你的假设很可能是正确的。

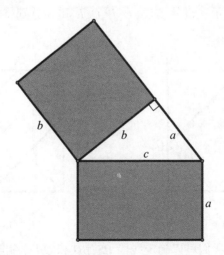

图 4.7

对这个直角三角形应用毕达哥拉斯定理,我们得到 $a^2+b^2=c^2$,然后用给定的关系 $ac=b^2$,我们得到以下结果: $a^2+ac=c^2$,或者表示为, a^2+ac-

$c^2=0$。将该式两边都除以 c^2，然后用 $x=\dfrac{a}{c}$ 代入，就得到了我们现在已经

很熟悉的黄金分割方程：$x^2+x-1=0$，其解为 $x=\dfrac{1}{\phi}=\dfrac{a}{c}$，即 $c=a\cdot\phi$（忽略

负根）。换句话说，这告诉我们斜边与较短直角边之比等于黄金分割比！

（顺便说一下，斜边和较短直角边符合黄金分割的直角三角形被称为**开普**

勒三角形，得名于著名数学家开普勒。）

我们也可以将斜边与较长直角边作一比较。由 $ac=\dfrac{c}{\phi}\cdot c=b^2$，我们

有 $c^2=\phi\cdot b^2$，于是有 $c=\sqrt{\phi}\cdot b$。这告诉我们斜边 c 与较长直角边 b 之比

是 $\sqrt{\phi}:1$。现在我们可以确定两条直角边的比例了，在这种情况下，

$$\frac{b}{a}=\frac{\dfrac{c}{\sqrt{\phi}}}{\dfrac{c}{\phi}}=\frac{\phi}{\sqrt{\phi}}=\sqrt{\phi}$$

这使得我们能够很容易地比较直角三角形的两条直角边上的正方形

的面积，因为这两个相似图形（这里都是正方形）的面积之比是相应边之

比的平方。因此，

$$c=\phi\cdot a \ \text{给出}\ \frac{c^2}{a^2}=\phi^2$$

$$c=\sqrt{\phi}\cdot b \ \text{给出}\ \frac{c^2}{b^2}=\phi$$

$$\frac{b}{a}=\sqrt{\phi}\ \text{给出}\ \frac{b^2}{a^2}=\phi$$

此外，在图 4.8 中，我们有一个沿着直角三角形斜边的黄金矩形（其

边长为 a 和 c）。我们可以将黄金分割比在这个构形中的各种表现总结

如下：$c:b:a=\phi:\sqrt{\phi}:1$，或者用另一种方式表示：$c^2:b^2:a^2=\phi^2:\phi:1$。

现在让我们看看，如果给定长度为 1 个单位长度的线段，我们是否可

以建立一种方法来作出长度为 ϕ，ϕ^2，ϕ^3，ϕ^4，$\cdots$，ϕ^n 的线段。我们首先

建立一个迭代过程——使用直尺和圆规。应用我们之前已经确定的黄金

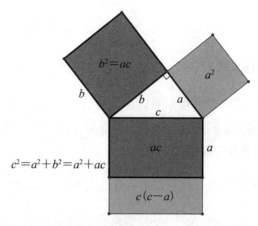

图 4.8

分割比 ϕ 满足 $\phi^2 = \phi + 1$，可以开始这个过程。[1]

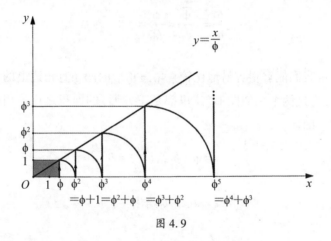

图 4.9

如图 4.9 所示，我们从一个黄金矩形开始，其顶点坐标为 $(0, 0)$、$(\phi, 0)$、$(\phi, 1)$ 和 $(0, 1)$。该矩形的对角线所确定的直线方程为 $y = f(x) = \dfrac{x}{\phi}$，然后我们通过点 $(0, 0)$ 与点 $(\phi, 1)$ 作该直线。

---

[1] Claudi Alsina and Roger B. Nelsen, *Math Made Visual: Creating Images for Understanding Mathematics* (Washington, DC: Mathematical Association of America, 2006), pp. 77, 156. ——原注

以$(\phi, 0)$为圆心、$f(\phi)=1$为半径的圆与x轴相交于$(\phi+1, 0)$，因为$\phi^2=\phi+1$，所以该点为$(\phi^2, 0)$。

我们继续这个过程。以$(\phi^2, 0)$为圆心、$f(\phi^2)=\phi$为半径的圆与x轴相交于$(\phi^2+\phi, 0)$。不过，由于$\phi^2+\phi=\phi(\phi+1)=\phi\phi^2=\phi^3$，我们就到达了点$(\phi^3, 0)$。一般而言，以$(\phi^n, 0)$为圆心、$f(\phi^n)=\phi^{n-1}$为半径的圆会在$x$轴上给出点$(\phi^{n+1}, 0)$。

请回想一下，在第3章中，我们建立了以下ϕ的幂的序列：

$$\phi = \phi\phi^0 = 1\phi+0 \qquad \phi^9 = \phi\phi^8 = 34\phi+21$$

$$\phi^2 = \phi\phi^1 = 1\phi+1 \qquad \phi^{10} = \phi\phi^9 = 55\phi+34$$

$$\phi^3 = \phi\phi^2 = 2\phi+1 \qquad \phi^{11} = \phi\phi^{10} = 89\phi+55$$

$$\phi^4 = \phi\phi^3 = 3\phi+2 \qquad \phi^{12} = \phi\phi^{11} = 144\phi+89$$

$$\phi^5 = \phi\phi^4 = 5\phi+3 \qquad \phi^{13} = \phi\phi^{12} = 233\phi+144$$

$$\phi^6 = \phi\phi^5 = 8\phi+5 \qquad \phi^{14} = \phi\phi^{13} = 377\phi+233$$

$$\phi^7 = \phi\phi^6 = 13\phi+8 \qquad \phi^{15} = \phi\phi^{14} = 610\phi+377$$

$$\phi^8 = \phi\phi^7 = 21\phi+13 \qquad \cdots$$

$1, \phi, \phi^2, \phi^3, \phi^4, \phi^5, \phi^6, \cdots$有时被称为**黄金数列**，对于这个数列，我们现在有了一种得到其几何表示的方法。

当我们讨论黄金矩形的对角线时，我们可以预期黄金分割也会沿着对角线出现。当然，我们知道黄金矩形的边符合黄金分割。这使我们能沿着对角线找到一个点，该点将对角线切割成一个与黄金分割比相关的比例（见图4.4中的点H）。正是因为这个特殊矩形的这些独特性质，我们才能如此容易地做到这一点。

考虑黄金矩形$ABCD$，它的边$AB=a$，$BC=b$，因此$\dfrac{a}{b}=\phi$。如图4.10

所示,在边 AB 和 BC 上作两个半圆,它们相交于 S。如果我们现在作线段 SA、SB 和 SC,就会发现 $\angle ASB$ 和 $\angle BSC$ 都是直角(因为它们都内接于半圆)。因此,AC 是一条直线,即矩形的对角线。我们现在可以相当优雅地证明:点 S 将对角线分成两条线段的比例之中,包含着黄金分割比。

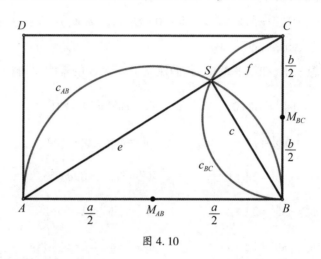

图 4.10

根据比例中项(由相似的 $\triangle ABC$、$\triangle ASB$ 和 $\triangle BSC$ 得到),我们得到以下结果:

使用图 4.10 中的线段长度标记,对于每一对直角三角形,比例中项关系给出

$$\triangle ABC \text{ 与 } \triangle ASB : a^2 = e(e+f)$$
$$\triangle ABC \text{ 与 } \triangle BSC : b^2 = f(e+f)$$

因此 $\dfrac{a^2}{b^2} = \dfrac{e}{f}$。

但是 $\dfrac{a}{b} = \phi$,因此 $\dfrac{e}{f} = \dfrac{a^2}{b^2} = \phi^2 = \phi + 1 = \dfrac{\sqrt{5}+3}{2}$。

因此点 S 以下方式将黄金矩形的对角线分成一个包含着黄金分割比的比例:

$$e : f = \phi^2 : 1 \text{ 或 } e : f = (\phi+1) : 1$$

让我们对个黄金矩形的对角线再多作一点开发。假设我们对一个黄

金矩形的对角线的作两根垂线,如图 4.11 所示 $\left(\right.$请记住,当 $AD = 1$ 时,

$$AB = \phi = \frac{\sqrt{5}+1}{2}\left.\right)_\circ$$

令人惊讶地,我们可以证明 $AE = EF = FC$,即 $x = y = z_\circ$

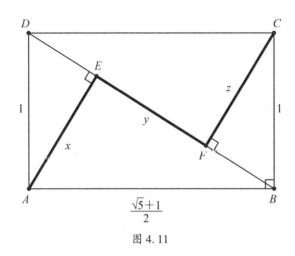

图 4.11

让我们添上一条辅助线,即另一条对角线 AC,以帮助我们建立这个有趣的等式(见图 4.12)。

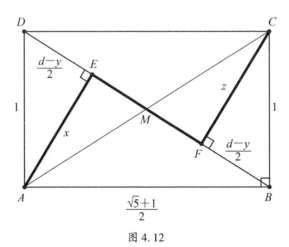

图 4.12

方便起见,我们将接受一些基于对称性的关系:$AE=CF$,即 $x=z$。

对 $\triangle ABC$ 应用毕达哥拉斯定理,我们得到

$$AB^2+BC^2=AC^2,\ \text{即}\ AC^2=\left(\frac{\sqrt{5}+1}{2}\right)^2+1=\phi^2+1=\frac{5+\sqrt{5}}{2}$$

因此,$d=AC=BD=\sqrt{\phi^2+1}=\sqrt{\dfrac{\sqrt{5}+5}{2}}$。

我们也可以对 $\triangle AED$ 和 $\triangle AEM$ 应用毕达哥拉斯定理,这样就得到

$$AE^2+DE^2=AD^2\ \text{和}\ AE^2+EM^2=AM^2$$

即 $x^2+(\dfrac{d-y}{2})^2=1$ 和 $x^2+(\dfrac{y}{2})^2=(\dfrac{d}{2})^2$

将这两式相减,我们就得到 $\left(\dfrac{d-y}{2}\right)^2-\left(\dfrac{y}{2}\right)^2=1-\left(\dfrac{d}{2}\right)^2$。解出其中的 y,得到

$$y=\sqrt{\frac{\sqrt{5}+5}{10}}\approx 0.850\ 650\ 808\ 3$$

将这里得出的 d 和 y 的值代入上面得到的等式 $x^2+\left(\dfrac{y}{2}\right)^2=\left(\dfrac{d}{2}\right)^2$,我们就得到

$$x=y=\sqrt{\frac{\sqrt{5}+5}{10}}\approx 0.850\ 650\ 808\ 3$$

因此

$$x=y=z=\sqrt{\frac{\sqrt{5}+5}{10}}\approx 0.850\ 650\ 808\ 3$$

这就是我们一开始想要证明的。

我们对黄金矩形的下一个展示来自一条迷人的特性:它嵌入在一种有点不同寻常的模式之中。如图 4.13 所示,我们从两个彼此垂直并内接于一个圆的全等矩形开始。我们感兴趣的是这两个矩形所构成的阴影区域。奇特的是,当这两个矩形都是黄金矩形时,即当 $\dfrac{a}{b}=\phi$ 时,这个阴影区域的面积是最大的。要证明这一点确实成立,只需要一点高中数学知

识。对此感兴趣的读者,请参考附录中关于这一点的证明。

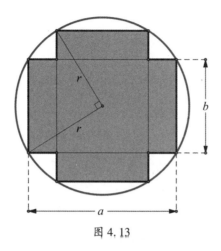

图 4.13

另一个有趣的现象——也许是人们最意想不到的——可以在三维空间中找到。如果我们有一个球(半径为 R)和一个内接于该球的直圆柱体,如果直圆柱体具有最大表面积,那么该圆柱体的直径 d 与高 h 符合黄金分割。

在图 4.14 中,$\dfrac{AB}{BC} = \dfrac{d}{h} = \dfrac{2r}{h} = \phi$。换句话说,通过圆柱体轴线的那个横截面($ABCD$)是一个黄金矩形。

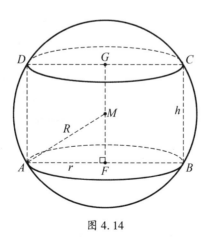

图 4.14

现在我们考虑一个长为 1、宽为 $\frac{1}{\phi}$ 的矩形，这事实上是一个黄金矩形，因为 $1 : \frac{1}{\phi} = \phi$。假设我们切下一个边长为 $\frac{1}{\phi}$ 的正方形，如图 4.15 所示，那么剩下的矩形也是一个黄金矩形，其边长为 $\frac{1}{\phi}$ 和 $1 - \frac{1}{\phi} = \frac{1}{\phi^2}$。

图 4.15 中正方形的面积为

$$\frac{1}{\phi} \cdot \frac{1}{\phi} = \frac{1}{\phi^2} = \frac{3 - \sqrt{5}}{2}$$

而那个较小矩形的面积为

$$\left(1 - \frac{1}{\phi}\right) \cdot \frac{1}{\phi} = \frac{1}{\phi^2} \cdot \frac{1}{\phi} = \frac{1}{\phi^3} = \sqrt{5} - 2$$

整个（较大）矩形的面积为

$$1 \cdot \frac{1}{\phi} = \frac{1}{\phi} = \frac{\sqrt{5} - 1}{2}$$

也就是说，我们已经从几何上证明了以下关系：

$$\frac{1}{\phi} = \frac{1}{\phi^2} + \frac{1}{\phi^3}$$

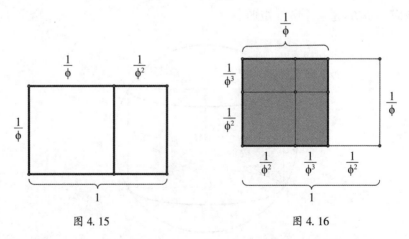

图 4.15　　　　　　　　　　　　图 4.16

现在进一步将边长为 $\frac{1}{\phi}$ 的正方形分成黄金分割（图 4.16），从而得到两条长分别为$\frac{1}{\phi^2}$和$\frac{1}{\phi^3}$的线段。

然后以这两条线段中较长那条为边长作另一个正方形。如图 4.16 所示,我们现在得到了阴影区域中的三个不同大小的正方形。现在我们要计算每个正方形的面积。

最大的正方形面积为

$$\frac{1}{\phi} \cdot \frac{1}{\phi} = \frac{1}{\phi^2} = \frac{3-\sqrt{5}}{2}$$

大小排在其次的正方形面积为

$$\frac{1}{\phi^2} \cdot \frac{1}{\phi^2} = \frac{1}{\phi^4} = \frac{7-3\sqrt{5}}{2}$$

最小的正方形面积为

$$\frac{1}{\phi^3} \cdot \frac{1}{\phi^3} = \frac{1}{\phi^6} = 9-4\sqrt{5}$$

其中的每个矩形(不是正方形)的面积为

$$\frac{1}{\phi^2} \cdot \frac{1}{\phi^3} = \frac{1}{\phi^5} = \frac{5\sqrt{5}-11}{2}$$

覆盖整个阴影区域的大正方形面积等于两个较小正方形的面积加上大正方形内的小矩形面积的 2 倍,这给出了

$$\frac{1}{\phi^2} = \frac{1}{\phi^4} + \frac{1}{\phi^6} + \frac{1}{\phi^5} + \frac{1}{\phi^5} = \frac{1}{\phi^4} + \frac{1}{\phi^6} + \frac{2}{\phi^5}$$

我们可以将这些线段再分为黄金分割,以得到$\frac{1}{\phi}$的进一步表示,从而将这个过程继续下去。观察图 4.17 所示的这个边长为 ϕ 的正方形。如果我们按照上面的方法分割这个正方形,然后不断地继续这个过程,从而将这些线段分为

$$\phi \rightarrow \left(1, \frac{1}{\phi}\right), 1 \rightarrow \left(\frac{1}{\phi}, \frac{1}{\phi^2}\right), \frac{1}{\phi} \rightarrow \left(\frac{1}{\phi^2}, \frac{1}{\phi^3}\right), \cdots$$

我们就得到了以下数列:$1, \frac{1}{\phi}, \frac{1}{\phi^2}, \frac{1}{\phi^3}, \frac{1}{\phi^4}, \cdots$。

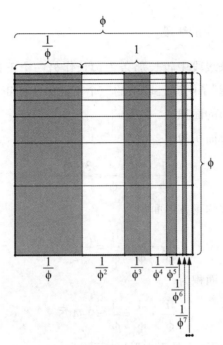

图 4.17

大正方形的面积是 $S=\phi^2$。边长为 ϕ 和 $\dfrac{1}{\phi^i}$（其中 $i=1$，2，3，$\cdots$）的所有矩形的面积将完全填满大正方形。因此，如果我们无限继续这个过程，就会得到

$$\phi^2 = \phi \cdot \frac{1}{\phi} + \phi \cdot \frac{1}{\phi^2} + \phi \cdot \frac{1}{\phi^3} + \phi \cdot \frac{1}{\phi^4} + \phi \cdot \frac{1}{\phi^5} + \phi \cdot \frac{1}{\phi^6} + \phi \cdot \frac{1}{\phi^7} + \cdots$$

$$= 1 + \frac{1}{\phi} + \frac{1}{\phi^2} + \frac{1}{\phi^3} + \frac{1}{\phi^4} + \frac{1}{\phi^5} + \frac{1}{\phi^6} + \cdots$$

我们已经知道，$\phi^2 = \phi + 1$，于是我们得到下式：

$$\phi = \frac{1}{\phi} + \frac{1}{\phi^2} + \frac{1}{\phi^3} + \frac{1}{\phi^4} + \frac{1}{\phi^5} + \frac{1}{\phi^6} + \cdots$$

我们现在用另一种方式来审视这个边长为 ϕ 的正方形：不是像上面所做的那样将其分成边长为（ϕ，$\dfrac{1}{\phi^i}$）的矩形，而是将其面积视为图 4.18

所示的平铺面积的总和。

图 4.18

i 给出了幂 $\dfrac{1}{\phi^i} = \phi^{-i}$ 的指数，于是用 S_{ij} 表示边长为 $\dfrac{1}{\phi^i}$ 和 $\dfrac{1}{\phi^j}$ 的矩形的面积，且 $S_{ij} = \dfrac{1}{\phi^i} \cdot \dfrac{1}{\phi^j} = \phi^{-(i+j)}$，如图 4.18 所示。于是我们有：

$$S(\,= S_{-1-1}\,) = \phi^2$$

$$S_{11} = \frac{1}{\phi} \cdot \frac{1}{\phi} = \frac{1}{\phi^2}$$

$$S_{21} = \frac{1}{\phi^2} \cdot \frac{1}{\phi} = \frac{1}{\phi^3} = S_{12}$$

$$S_{22} = \frac{1}{\phi^2} \cdot \frac{1}{\phi^2} = \frac{1}{\phi^4}$$

$$S_{31} = \frac{1}{\phi^3} \cdot \frac{1}{\phi} = \frac{1}{\phi^4} = S_{13}$$

$$S_{32} = \frac{1}{\phi^3} \cdot \frac{1}{\phi^2} = \frac{1}{\phi^5} = S_{23}$$

$$S_{33} = \frac{1}{\phi^3} \cdot \frac{1}{\phi^3} = \frac{1}{\phi^6}$$

$$S_{41} = \frac{1}{\phi^4} \cdot \frac{1}{\phi} = \frac{1}{\phi^5} = S_{14}$$

$$\cdots$$

因此这些面积的总和就是

$$
\begin{aligned}
S &= S_{11} + S_{21} + S_{22} + S_{12} + S_{31} + S_{32} + S_{33} + S_{23} + S_{13} + S_{41} + \cdots \\
&= S_{11} + 2S_{21} + S_{22} + 2S_{31} + 2S_{32} + S_{33} + 2S_{41} + \cdots \\
&= \frac{1}{\phi^2} + 2\,\frac{1}{\phi^3} + \frac{1}{\phi^4} + 2\,\frac{1}{\phi^4} + 2\,\frac{1}{\phi^5} + \frac{1}{\phi^6} + 2\,\frac{1}{\phi^5} + \cdots \\
&= 1\,\frac{1}{\phi^2} + 2\,\frac{1}{\phi^3} + 3\,\frac{1}{\phi^4} + 4\,\frac{1}{\phi^5} + 5\,\frac{1}{\phi^6} + 6\,\frac{1}{\phi^7} + \cdots
\end{aligned}
$$

这就是 $\dfrac{1}{\phi^2} + \dfrac{2}{\phi^3} + \dfrac{3}{\phi^4} + \dfrac{4}{\phi^5} + \dfrac{5}{\phi^6} + \dfrac{6}{\phi^7} + \cdots + \dfrac{n}{\phi^{n+1}} + \cdots = \phi^2$。[1]

如果我们考虑正方形或部分矩形,就会出现一系列与 $\dfrac{1}{\phi}$ 的幂相关的其他关系[2]:

$$\frac{1}{\phi} + \frac{1}{\phi^3} + \frac{1}{\phi^5} + \frac{1}{\phi^7} + \cdots + \frac{1}{\phi^{2n-1}} + \cdots = 1$$

$$\frac{1}{\phi^2} + \frac{1}{\phi^4} + \frac{1}{\phi^6} + \frac{1}{\phi^8} \cdots + \frac{1}{\phi^{2n}} + \cdots = \frac{1}{\phi}$$

$$\frac{1}{\phi^2} + \frac{2}{\phi^3} + \frac{3}{\phi^4} + \frac{4}{\phi^5} + \frac{5}{\phi^6} + \frac{6}{\phi^7} + \cdots + \frac{n}{\phi^{n+1}} + \cdots = \phi^2\,(\text{见上文})$$

---

[1] 这也可以写成 $\phi^2 = \displaystyle\sum_{i=1}^{\infty} \frac{i}{\phi^{i+1}}$。——原注

[2] Marjorie Bicknell—Johnson and Duane DeTemple, "Vizualizing Golden Ratio Sums with Tiling Patterns," *Fibonacci Quarterly* 33, no. 4（1995）: 298–303; James Metz, "The Golden Staircase and the Golden Line," *Fibonacci Quarterly* 35, no. 3（1997）: 194–197. ——原注

$$\frac{1}{\phi^4}+\frac{2}{\phi^6}+\frac{3}{\phi^8}+\frac{4}{\phi^{10}}+\cdots+\frac{n}{\phi^{2n+2}}+\cdots=\frac{1}{\phi^2}$$

$$\frac{1}{\phi^3}+\frac{2}{\phi^5}+\frac{3}{\phi^7}+\frac{4}{\phi^9}+\cdots+\frac{n}{\phi^{2n+1}}+\cdots=\frac{1}{\phi}$$

$$\frac{1}{\phi}+\frac{1}{\phi^2}+\frac{1}{\phi^3}+\frac{1}{\phi^4}+\frac{1}{\phi^5}+\frac{1}{\phi^6}\cdots+\frac{1}{\phi^n}+\cdots=\phi$$

让我们继续讨论黄金矩形 $ABCD$，但现在是以一种奇特的方式。我们将欣赏到这一黄金分割的几何之美。我们从一个边长为 $a+b$ 和 a 的黄金矩形 $ABCD$ 开始(图 4.19)。

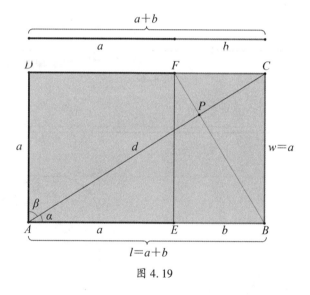

图 4.19

切掉正方形 $AEFD$，我们就得到了边长为 a 和 b 的黄金矩形 $EBCF$。正如我们前面已经证明的，我们知道 $\frac{a+b}{a}=\phi$，以及 $\frac{a}{b}=\phi$。如果继续从这个较小的黄金矩形($EBCF$)中切掉一个正方形(其边长为 b)，我们将再次得到一个黄金矩形。我们可以无限继续这一过程。图 4.20 展示了这一过程。

如果我们在每个相继的正方形中作四分之一圆弧，就得到一条近似于黄金螺线的螺线，如图 4.21 所示。

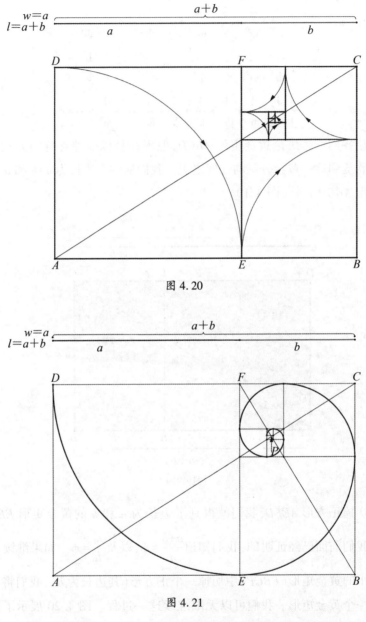

图 4.20

图 4.21

　　我们之前已经确定,*ABCD* 和 *EBCF* 这两个矩形是互反矩形(图 4.21),
并且它们的对角线相互垂直。这两条对角线的交点就是这条螺线的极
限点。

如果我们考虑边长为 55 和 34(两个斐波那契数)的矩形(图 4.22),就会发现这个矩形是非常接近黄金矩形的,因为其两边之比为 $\frac{55}{34}=$

1.617 647 058 823 529 41,它非常接近黄金分割比 $\phi \approx 1.618\ 033\ 988$。相继切掉边长为斐波那契数的正方形,我们也会得到一条螺线,通常被称为**斐波那契螺线**,它与**黄金螺线**非常相似。

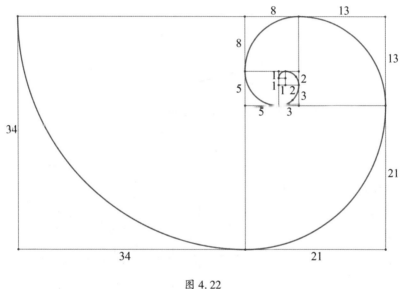

图 4.22

实际的黄金螺线并不是从这些四分之一圆演变而来的。这个图示只是给了我们一个很好的、易于理解的近似。参考图4.23,表4.1计算了这条螺线各个分段的长度。

正方形的边长也是四分之一圆的半径 r 的长度。一个四分之一圆弧的长度为 $\frac{2\pi r}{4}=\frac{\pi r}{2}$。

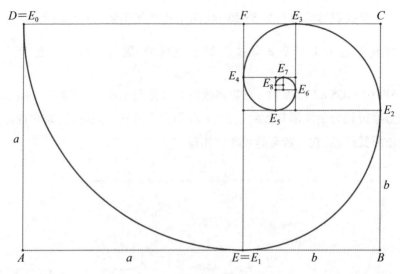

图 4.23

表 4.1

n	正方形的对角线 E_nE_{n+1}	正方形边长	四分之一圆弧长度		
0	$E_0E_1=DE_1$	$\dfrac{a}{\phi^0}=a$	$\dfrac{\pi \cdot a}{2} \cdot \dfrac{1}{\phi^0}=\dfrac{\pi \cdot a}{2}$		$=-\dfrac{0\sqrt5-2}{2} \cdot \dfrac{\pi \cdot a}{2}$
1	E_1E_2	$\dfrac{a}{\phi^1}=b$	$\dfrac{\pi \cdot a}{2} \cdot \dfrac{1}{\phi^1}=\dfrac{\pi \cdot a}{2} \cdot \dfrac{\sqrt5-1}{2}$		$=\dfrac{1\sqrt5-1}{2} \cdot \dfrac{\pi \cdot a}{2}$
2	E_2E_3	$\dfrac{a}{\phi^2}$	$\dfrac{\pi \cdot a}{2} \cdot \dfrac{1}{\phi^2}=\dfrac{\pi \cdot a}{2} \cdot \dfrac{3-\sqrt5}{2}$		$=-\dfrac{1\sqrt5-3}{2} \cdot \dfrac{\pi \cdot a}{2}$
3	E_3E_4	$\dfrac{a}{\phi^3}$	$\dfrac{\pi \cdot a}{2} \cdot \dfrac{1}{\phi^3}=\dfrac{\pi \cdot a}{2} \cdot \dfrac{2\sqrt5-4}{2}$		$=\dfrac{2\sqrt5-4}{2} \cdot \dfrac{\pi \cdot a}{2}$
4	E_4E_5	$\dfrac{a}{\phi^4}$	$\dfrac{\pi \cdot a}{2} \cdot \dfrac{1}{\phi^4}=\dfrac{\pi \cdot a}{2} \cdot \dfrac{7-3\sqrt5}{2}$		$=-\dfrac{3\sqrt5-7}{2} \cdot \dfrac{\pi \cdot a}{2}$
5	E_5E_6	$\dfrac{a}{\phi^5}$	$\dfrac{\pi \cdot a}{2} \cdot \dfrac{1}{\phi^5}=\dfrac{\pi \cdot a}{2} \cdot \dfrac{5\sqrt5-11}{2}$		$=\dfrac{5\sqrt5-11}{2} \cdot \dfrac{\pi \cdot a}{2}$
6	E_6E_7	$\dfrac{a}{\phi^6}$	$\dfrac{\pi \cdot a}{2} \cdot \dfrac{1}{\phi^6}=\dfrac{\pi \cdot a}{2} \cdot \dfrac{18-8\sqrt5}{2}$		$=-\dfrac{8\sqrt5-18}{2} \cdot \dfrac{\pi \cdot a}{2}$
7	E_7E_8	$\dfrac{a}{\phi^7}$	$\dfrac{\pi \cdot a}{2} \cdot \dfrac{1}{\phi^7}=\dfrac{\pi \cdot a}{2} \cdot \dfrac{13\sqrt5-29}{2}$		$=\dfrac{13\sqrt5-29}{2} \cdot \dfrac{\pi \cdot a}{2}$
…					

令人惊讶的是,当你检视这些结果时,你会逐渐看到斐波那契数 $F_n(0, 1, 1, 2, 3, 5, 8, 13, \cdots)$,它们与 $\sqrt{5}$ 相乘,紧跟在后面的常数是卢卡斯数 $L_n(2, 1, 3, 4, 7, 11, 18, 29, \cdots)$。这也许可以表明,将这条螺线称为**斐波那契-卢卡斯螺线**是合理的。

在图 4.23 中,这一螺线从点 E_0 到点 E_8 的长度为

$$(\overset{\frown}{E_0 E_1} + \overset{\frown}{E_1 E_2} + \overset{\frown}{E_2 E_3} + \overset{\frown}{E_3 E_4} + \overset{\frown}{E_4 E_5} + \overset{\frown}{E_5 E_6} + \overset{\frown}{E_6 E_7} + \overset{\frown}{E_7 E_8}) \text{ 的长度}$$

$$= \frac{\pi \cdot a}{2} \cdot \left(\frac{1}{\phi^0} + \frac{1}{\phi^1} + \frac{1}{\phi^2} + \frac{1}{\phi^3} + \frac{1}{\phi^4} + \frac{1}{\phi^5} + \frac{1}{\phi^6} + \frac{1}{\phi^7} \right)$$

$$= \frac{9\sqrt{5} - 15}{2} \cdot \frac{\pi \cdot a}{2} \approx 4.024\,860\,693 \cdot a$$

事实上,这条螺线有一个确定的长度(L),可以通过无限继续此过程来得到。

$$L = \frac{\pi \cdot a}{2} \cdot \left(\frac{1}{\phi^0} + \frac{1}{\phi^1} + \frac{1}{\phi^2} + \cdots + \frac{1}{\phi^n} + \cdots \right)$$

$$= \frac{\pi \cdot a}{2} \cdot \phi^2 = \frac{\sqrt{5} + 3}{2} \cdot \frac{\pi \cdot a}{2} \approx 4.112\,398\,172 \cdot a < 5a$$

我们在前面已经确定了

$$\frac{1}{\phi^1} + \frac{1}{\phi^2} + \cdots + \frac{1}{\phi^n} + \cdots = \phi$$

因此

$$\frac{1}{\phi^0} + \frac{1}{\phi^1} + \frac{1}{\phi^2} + \cdots + \frac{1}{\phi^n} + \cdots = \frac{1}{\phi^0} + \left(\frac{1}{\phi^1} + \frac{1}{\phi^2} + \cdots + \frac{1}{\phi^n} + \cdots \right) = \frac{1}{\phi^0} + \phi = 1 + \phi = \phi^2$$

虽然 $ABCD$ 是黄金矩形,但是这个复杂的图形的各对称部分都是正方形。假设我们找到了每个正方形的中心。我们可以作一条通过这些点的圆弧,于是就会看到这些正方形的中心位于另一条对数螺线的近似曲线上(图 4.24)。

有多条类似的螺线,它们近似但并不完全等于**黄金螺线**。

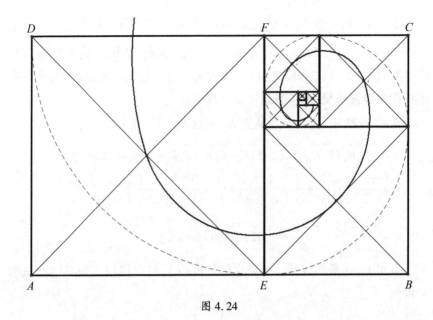

图 4.24

自然与艺术中的美丽结构　黄金分割

黄金螺线

黄金螺线本质上就是一条**对数螺线**,它在任何一点上的切线都与从原点出发的、到该点的半径成相等角度。在图 4.25 中,我们标记了两个这样的相等角度,它们是两条任意选择的切线与各自的螺线半径所构成的。你可能还注意到,这条螺线看起来最终会到达点 P,但事实上并非如此!

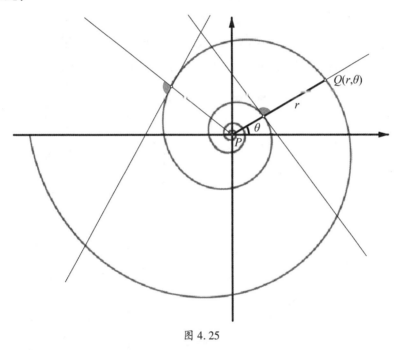

图 4.25

半径 r 的长度随极角 θ 的增大呈指数式增长。利用极坐标 (r,θ),我们得到方程 $r(\theta)=ae^{k\theta}$,其中 θ 是半径与 x 轴所成角度大小,a 和 k 都是正实数。①

由于从原点 P 到螺线任意一点的直线都与曲线在该点处的切线成相

---

① 在直角坐标平面中,这条螺线的方程为:$x(\theta)=r(\theta)\cdot\cos\theta=a\cdot e^{k\theta}\cdot\cos\theta,y(\theta)=r(\theta)\cdot\sin\theta=a\cdot e^{k\theta}\cdot\sin\theta$。——原注

等的角度,因此著名的法国数学家笛卡儿①将其称为**等角螺线**。

顺便说一句,**对数螺线**这个名字是由瑞士数学家雅各布·伯努利(Jacob Bernoulli, 1655—1705)命名的,他也将其称为 *spira mirabilis*(拉丁语"神奇的螺线")。他对这条螺线及其特性如此着迷,以至于要求把它刻在自己的墓碑上,并加上"*Eadem mutata resurgo*"(纵然改变,却依然故我)。不过,命运弄人,雕刻墓碑的那位雕刻家凿出的曲线并不是一条对数螺线,而是一条阿基米德螺线!

在图 4.26 中,我们试图展示黄金螺线②与相继从黄金矩形中切下的四分之一圆所构成的螺线有多么接近——是的,它们几乎无法区分!这两条螺线之间的差异实际上只在较大的那几个正方形中才相当明显,而

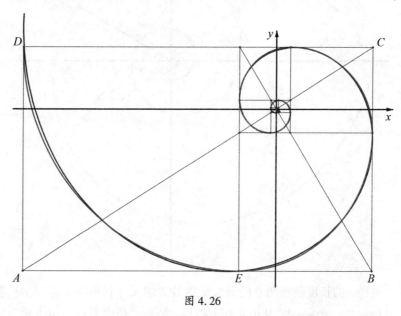

图 4.26

① 笛卡儿(Rene Descartes, 1596—1650)是一位法国数学家,他开创了在"笛卡儿平面"(以其创始人的名字命名)上完成的解析几何领域。1638 年,笛卡儿在与另一位法国数学家梅森(Marin Mersenne, 1588—1648)的通信中提到了这条螺线,后者以研究素数而闻名。——原注

② 黄金螺线的方程是 $r(\theta) = e^{\frac{\ln\phi}{\pi/2}\cdot\theta}$($\approx e^{-0.005\,346\,798\theta}$)。——原注

在较小的那些正方形中则不容易觉察到的。黄金螺线的原点位于图
4.26 所示的两条对角线的交点处。

正如我们试图在图 4.27 中所展示的,黄金螺线与各黄金矩形的各边
并不相切,但与各边相交的角度非常小,而那条(由四分之一圆组成的)
近似螺线与各边是相切的。因此,黄金矩形的各边并不是这条黄金螺线
的切线(而在近似螺线的情况下是相切的)。它们与每条边都相交两次,
其中一个交点分别为:E_0,E_1,E_2,E_3,…(参见图 4.23,其中 $D=E_0$)。

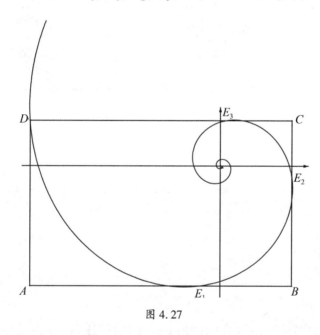

图 4.27

在自然界中,鹦鹉螺外壳(图 4.28)呈现出这样的黄金螺线,图 4.29
中的蜗牛外壳也是如此。

这并不奇怪,因为这条曲线在延伸时趋向对数螺线。

对此感兴趣的读者可能希望在自然界中找到黄金螺线的其他表现
形式。

图 4.28

图 4.29

黄金菱形

回忆一下高中数学,平行四边形是对边平行的四边形。平行四边形的对边长度也相等。当平行四边形的邻边也相等时,这种平行四边形称为**菱形**。

我们在图 4.30 中展示了一个菱形,其中 $AB /\!/ CD, BC /\!/ AD, AB = BC = CD = AD$, 即 $a = b = c = d$。此外,菱形的对角线相互垂直。在图 4.30 中,$AC \perp BD$。

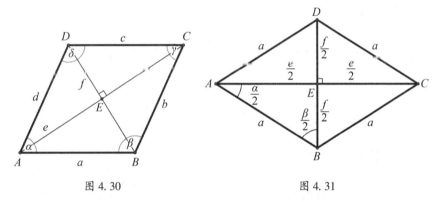

图 4.30　　　　　　　　　　图 4.31

当两条对角线的长度之比为 ϕ:1时,我们称这个菱形为**黄金菱形**(图 4.31)。

由于我们刚刚对黄金菱形给出的定义是它的两条对角线之比为 ϕ:1,我们可以将其重新表述为 $\dfrac{e}{f} = \dfrac{\phi}{1}$,或者用另一种方式来表示:$e = \phi f$。

如果我们对 $\triangle ABE$ 应用毕达哥拉斯定理,就会得到

$$a = AB = \sqrt{AE^2 + BE^2} = \sqrt{\frac{e^2}{4} + \frac{f^2}{4}} = \frac{f}{2}\sqrt{\phi^2 + 1} = \frac{1}{2}\sqrt{\frac{5+\sqrt{5}}{2}} \cdot f$$

由此可得

$$f = BD = \frac{2}{\sqrt{\phi^2 + 1}} \cdot a = \frac{\sqrt{10}}{5}\sqrt{5-\sqrt{5}} \cdot a$$

因此

$$e = \phi \cdot f = \frac{2\phi}{\sqrt{\phi^2+1}} \cdot a$$

由此可得

$$a = \frac{\sqrt{\phi^2+1}}{2\phi} \cdot e$$

我们知道 $\triangle ABE$、$\triangle BCE$、$\triangle CDE$ 和 $\triangle ADE$ 是全等的,因此可以用多种不同的方式来表示黄金菱形的面积,每种方式都用它的对角线或边长来表示。

用较短对角线 f:

$$菱形面积 = 4 \cdot \frac{1}{2} \cdot \frac{e}{2} \cdot \frac{f}{2} = \frac{e \cdot f}{2} = \frac{\phi}{2} \cdot f^2 = \frac{\sqrt{5}+1}{4} \cdot f^2$$

用较长对角线 e:

$$菱形面积 = \frac{e \cdot f}{2} = \frac{e \cdot e}{2\phi} = \frac{1}{2\phi} \cdot e^2 = \frac{\sqrt{5}-1}{4} \cdot e^2$$

用边长 a:

$$菱形面积 = \frac{e \cdot f}{2} = \frac{\phi}{2} \cdot f^2 = \frac{2\phi}{\phi^2+1} \cdot a^2 = \frac{2\sqrt{5}}{5} \cdot a^2$$

每个菱形都包含一个内切圆。在图 4.32 中,我们将此内切圆的半径记为 r_i。我们可以作出通过边 AD 与圆的切点的半径 r_i,这会为我们提供一些相似三角形:$\triangle ADE$、$\triangle AEF$ 和 $\triangle DEF$。

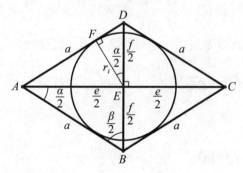

图 4.32

利用 $\cos \angle DEF = \cos \dfrac{\alpha}{2} = \dfrac{r_i}{\dfrac{f}{2}}$ 这一关系,我们可以再次用每条对角线

或边长来表示此内切圆的半径。

为了得到用对角线 f 来表示的半径,我们求出

$$r_i = \frac{f}{2} \cos \frac{\alpha}{2} = \frac{\phi}{2\sqrt{\phi^2+1}} \cdot f = \frac{1}{2}\sqrt{\frac{5+\sqrt{5}}{10}} \cdot f$$

为了得到用边长 a 来表示的半径,我们求出

$$r_i = \frac{f}{2} \cos \frac{\alpha}{2} = \frac{f}{2} \cdot \frac{\phi}{\sqrt{\phi^2+1}} = \frac{\phi}{\phi^2+1} \cdot a = \frac{\sqrt{5}}{5} \cdot a$$

最后,我们也可以用另一条对角线 e 来表示的半径

$$r_i = \frac{f}{2} \cdot \frac{\phi}{\sqrt{\phi^2+1}} = \frac{1}{2\sqrt{\phi^2+1}} \cdot e = \frac{1}{2}\sqrt{\frac{5-\sqrt{5}}{10}} \cdot e$$

我们可以得到用边长 a 来表示的此内切圆面积

$$内切圆面积 = \pi \cdot r_i^2 = \pi \cdot \frac{5}{25} \cdot a^2 = \frac{\pi}{5} \cdot a^2$$

这样,我们现在就能求出黄金菱形与其内切圆的面积之比

$$\frac{菱形面积}{内切圆面积} = \frac{\dfrac{2\sqrt{5}}{5} \cdot a^2}{\dfrac{\pi}{5} \cdot a^2} = \frac{2\sqrt{5}}{\pi} \approx 1.423\,525\,086$$

我们已经将**黄金菱形**的称号授予了两条对角线长度成黄金分割比的菱形,接下来我们将展示如何从一个边长为 a 和 b 的黄金矩形 $ABCD$ 开始来构建这样的一个黄金菱形(如图 4.33 所示),其中 $\dfrac{a}{b} = \phi$。过此矩形的四个顶点

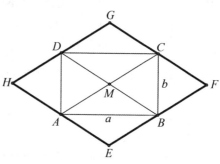

图 4.33

分别作两条对角线的平行线,我们就得到了一个菱形 *EFGH*,这是因为矩形的对角线是相等的。

为了证明这样得出的菱形确实是一个黄金菱形,我们需要证明其对角线(*HF* 和 *GE*)符合黄金分割。在图 4.34 中,我们注意到四边形 *AMGD* 和四边形 *AEMD* 是菱形。因此,$GE = 2 \cdot AD$。同样,$HF = 2 \cdot DC$。因此,既然 $\dfrac{DC}{AD} = \dfrac{\phi}{1}$,也有 $\dfrac{HF}{GE} = \dfrac{2 \cdot DC}{2 \cdot AD} = \dfrac{\phi}{1} = \phi$,这样我们就确定了菱形 *EFGH* 是一个黄金菱形。

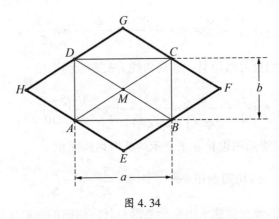

图 4.34

黄金菱形也出现在著名的彭罗斯镶嵌图①中,这种镶嵌图来源于英国数学家彭罗斯②和业余数学家阿曼(Robert Ammann, 1946—1994)的工作。他们于 1974 年构造出一种没有周期性重复的平面镶嵌图。彭罗斯镶嵌图中包含着一个二维斐波那契网格。虽然彭罗斯镶嵌图包含一些对称的正十边形,但总体上不是对称的或周期性的。彭罗斯镶嵌元有很多种。在图 4.35 中,我们看到一连串边长相等但内角度数不同的菱形。

窄菱形(菱形 1,图 4.36)的边长为 1,其内角度数为 $\alpha = 36°$ 和 $\beta =$

① 镶嵌图是用多边形来平铺一个平面而得出的图形,其中多边形之间没有未覆盖的点,也没有重叠。——原注

② 彭罗斯(Roger Penrose, 1931—),英国数学物理学家,对广义相对论与宇宙学具有重要贡献,在趣味数学和哲学方面也有重要影响,2020 年诺贝尔物理学奖获得者。——译注

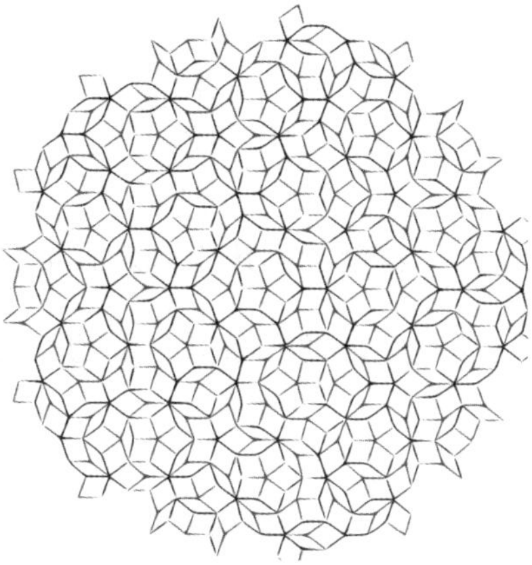

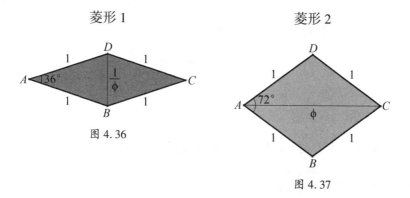

图 4.35

144°,而宽菱形(菱形 2,图 4.37)的边长为 1,其内角度数为 $\alpha=72°$ 和 $\beta=108°$。我们发现,这些角度都是 36°的倍数。在每个菱形中,分别作一条平分 144°角与 72°角的对角线,然后考虑其与另一条对角线构成的直角三角形,可以使用三角学来确定作出的对角线的长度。

菱形 1

图 4.36

菱形 2

图 4.37

对于菱形 1

$$\sin 18° = \frac{\dfrac{BD}{2}}{AB}$$

因此 $BD = \dfrac{1}{\phi}$。

对于菱形 2

$$\cos 36° = \frac{\dfrac{AC}{2}}{AB}$$

这给出了 $AC=\phi$。再一次，黄金分割比出人意料地登场了。窄菱形的一条对角线的长度为 $\dfrac{1}{\phi}$，而宽菱形的一条对角线的长度为 ϕ。我们得到它们各自的面积如下：

$$菱形\,1\,的面积=2\cdot S_{\triangle ABD}=2\cdot \frac{1}{2}\cdot AB\cdot AD\cdot \sin 36°$$

$$=1\times1\times1\times\frac{1}{2}\sqrt{\frac{5-\sqrt{5}}{2}}=\frac{\sqrt{\phi^2+1}}{2\phi}$$

$$菱形\,2\,的面积=2\cdot S_{\triangle ABD}=2\cdot \frac{1}{2}\cdot AB\cdot AD\cdot \sin 72°$$

$$=1\times1\times1\times\frac{1}{2}\sqrt{\frac{5+\sqrt{5}}{2}}=\frac{\sqrt{\phi^2+1}}{2}$$

你可能已经猜到了，它们的面积之比为

$$\frac{菱形\,2\,的面积}{菱形\,1\,的面积}=\frac{\dfrac{\sqrt{\phi^2+1}}{2}}{\dfrac{\sqrt{\phi^2+1}}{2\phi}}=\phi$$

黄金分割比再次出现了！据称，用于镶嵌图的那两种菱形的数量之比也符合黄金分割，即 $\dfrac{宽菱形的数量}{窄菱形的数量}=\phi$。

除了这些菱形镶嵌元以外，还有其他形状的镶嵌元也能拼出平面上的非周期镶嵌图。这些镶嵌元被英国数学家康威[①]命名为"风筝"和"飞镖"。当我们将菱形的对角线分成黄金分割时，就可以在彭罗斯镶嵌图中

---

① 康威(John Horton Conway, 1937—2020)，英国数学家，主要研究领域包括有限群、趣味数学、纽结理论、数论、组合博弈论和编码学等。——译注

看到这种风筝和飞镖形状(图 4.38 和 4.39)。如果我们分割较长的对角线,那么就可以看到这种分割比是 $AE:CE=\phi:1$。此外,风筝和飞镖各自的长边与短边之比也都等于黄金分割比 $\phi:1$。如果这还不够,我们还会发现菱形的长对角线与其边的比例也等于黄金分割比,因为 $\dfrac{AC}{AB}=\dfrac{\phi+1}{\phi}=1+\dfrac{1}{\phi}=\phi$。

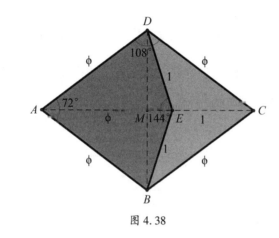

图 4.38

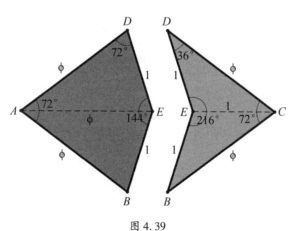

图 4.39

将风筝和飞镖这两个形状拼在一起,就会产生一个边长为 ϕ、对角线长为 $e=\phi+1$ 和 $f=\sqrt{\phi^2+1}$ 的菱形。

由于 $\angle BDE = \angle BDC - \angle CDE = \dfrac{1}{2} \angle ADC - \angle CDE = 54° - 36° = 18°$，在 Rt$\triangle EDM$ 中有以下关系：

$$\cos \angle BDE = \cos 18° = \frac{DM}{DE} = \frac{BD}{2DE}$$

因此 $BD = 2DE \cos 18° = 2 \times 1 \times \dfrac{1}{2} \sqrt{\dfrac{5+\sqrt{5}}{2}} = \sqrt{\phi^2+1}$。于是我们得到比

例 $\dfrac{AC}{BD} = \dfrac{\phi+1}{\sqrt{\phi^2+1}} = \sqrt{\dfrac{5+2\sqrt{5}}{5}}$。于是我们可以得出结论：四边形 $ABCD$（图 4.38）不是一个黄金菱形，但它具有黄金分割的许多表现，这就值得将它纳入我们对黄金分割的探索之中。

黄金三角形

在研究了黄金矩形之后，合乎逻辑的下一步是考虑属于一个三角形——黄金三角形——的黄金分割。正如你所料，黄金三角形很像有黄金分割贯穿其中的黄金矩形，它也处处展示出黄金分割。为了研究黄金三角形，我们将观察它的一些线性关系、面积关系，以及它与正五边形的关系。

让我们开始研究这个特殊的三角形，如图 4.40 所示，它是一个等腰三角形 ABC，顶角为 $36°$，因此每个底角就是 $72°$。$\triangle ABC$ 被称为**黄金三角形**。如果我们作 $\angle ACB$ 的平分线，就构建了两个相似三角形：$\triangle ABC \backsim \triangle CQB$，它们的各个角度如图 4.40 所示。这使我们能够建立以下比例关系：

$$\frac{AB}{BC} = \frac{BC}{BQ}, \text{即} \frac{b+c}{c} = \frac{c}{b}$$

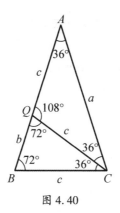

图 4.40

你当然会认出这是 AB 边上的黄金分割比，正如下式所表示的：

$$\frac{b+c}{c} = \frac{c}{b} = \frac{\sqrt{5}+1}{2} = \phi, \text{或者换种方式表示为} \frac{a}{c} = \frac{c}{b} = \frac{\sqrt{5}+1}{2} = \phi$$

黄金三角形各边的黄金分割

通过一些代数运算,我们得到以下关系:首先,我们用 b 来表示 c 和 a

$$c=\phi \cdot b=\frac{\sqrt{5}+1}{2} \cdot b, a=\phi \cdot c=\phi^2 \cdot b=\left(\frac{\sqrt{5}+1}{2}\right)^2 b$$

于是 $a=\frac{\sqrt{5}+3}{2}b$,而这就等于 $\phi^2 \cdot b=(\phi+1)b$。

此外,用 c 来表示 a 和 b,我们得到

$$a=\phi \cdot c=\frac{\sqrt{5}+1}{2} \cdot c, b=\phi^{-1} \cdot c=\frac{\sqrt{5}-1}{2} \cdot c$$

然后用 a 来表示 c 和 b,我们得到

$$c=\phi^{-1} \cdot a=\frac{1}{\phi} \cdot a=\frac{\sqrt{5}-1}{2} \cdot a, b=\phi^{-1} \cdot c=\phi^{-2} \cdot a=\frac{1}{\phi^2} \cdot a=\frac{3-\sqrt{5}}{2} \cdot a$$

在图 4.40 中,我们有三个黄金三角形:其中 $\triangle ABC$ 和 $\triangle CQB$ 这两个三角形都有一个锐角,它们的腰与底的长度之比为 $\phi:1$,即 $\frac{a}{c}=\frac{\phi}{1}$;而 $\triangle ACQ$ 有一个钝角,它的腰与底的长度之比为 $1:\phi$,即 $\frac{c}{a}=\frac{1}{\phi}$。

黄金三角形的面积

为了计算一个黄金三角形的面积,我们将使用那个可计算任何三角形面积的著名公式,即三角形的面积等于两条边的乘积乘它们夹角的正弦的一半,即 $S = \dfrac{1}{2}ab\sin C$,其中 a 和 b 是三角形的两条边长,C 是这两条边的夹角大小。

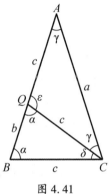

图 4.41

在图 4.41 中,各黄金三角形的面积如下:

$$S_{\triangle ABC} = \frac{1}{2} \cdot AB \cdot AC \sin\angle BAC = \frac{1}{2} \cdot a^2 \sin\gamma = \frac{1}{2} \cdot a^2 \sin 36°$$

$$= \frac{1}{2}\sqrt{\frac{5-\sqrt{5}}{2}} \cdot \frac{a^2}{2} = \frac{\sqrt{\phi^2+1}}{\phi} \cdot \frac{a^2}{4}$$

$$S_{\triangle ACQ} = \frac{1}{2} \cdot AQ \cdot CQ \sin\angle AQC = \frac{1}{2} \cdot c^2 \sin\varepsilon = \frac{1}{2} \cdot c^2 \sin 108°$$

$$= \frac{1}{2}\sqrt{\frac{5+\sqrt{5}}{2}} \cdot \frac{c^2}{2} = \sqrt{\phi^2+1} \cdot \frac{c^2}{4}$$

$$S_{\triangle BCQ} = \frac{1}{2} \cdot BC \cdot CQ \sin\angle BCQ = \frac{1}{2} \cdot c^2 \sin\delta = \frac{1}{2} \cdot c^2 \sin 36°$$

$$= \frac{1}{2}\sqrt{\frac{5-\sqrt{5}}{2}} \cdot \frac{c^2}{2} = \frac{\sqrt{\phi^2+1}}{\phi} \cdot \frac{c^2}{4}$$

由于 $a = \phi c$ 和 $c = \phi b$，我们得到 $a = \phi^2 b$。

于是由以上各式可得

$$S_{\triangle ABC} : S_{\triangle ACQ} = \frac{\sqrt{\dfrac{5-\sqrt{5}}{2}} \cdot \dfrac{a^2}{4}}{\sqrt{\dfrac{5+\sqrt{5}}{2}} \cdot \dfrac{c^2}{4}} = \frac{1}{\phi} \cdot \frac{a^2}{c^2} = \frac{\phi^2 \cdot c^2}{c^2} \cdot \frac{1}{\phi} = \phi$$

$$S_{\triangle ACQ} : S_{\triangle BCQ} = \frac{\sqrt{\dfrac{5+\sqrt{5}}{2}} \cdot \dfrac{c^2}{4}}{\sqrt{\dfrac{5-\sqrt{5}}{2}} \cdot \dfrac{c^2}{4}} = \frac{c^2}{c^2} \cdot \phi = \phi$$

$$S_{\triangle ABC} : S_{\triangle BCQ} = \frac{\sqrt{\dfrac{5-\sqrt{5}}{2}} \cdot \dfrac{a^2}{4}}{\sqrt{\dfrac{5-\sqrt{5}}{2}} \cdot \dfrac{c^2}{4}} = 1 \cdot \frac{a^2}{c^2} = \frac{\phi^2 \cdot c^2}{c^2} = \phi^2$$

$\triangle ABC$、$\triangle ACQ$ 和 $\triangle BCQ$ 这三个三角形的面积之比为 $S_{\triangle ABC} : S_{\triangle ACQ} : S_{\triangle BCQ} = \phi : 1 : \phi^{-1}$。

回过来看一下图 4.40，如果我们从这三个黄金三角形的各顶角出发作它们的高，就会构成三个不同的直角三角形。应用毕达哥拉斯定理和三角函数，我们会得到一些有趣的结果——又一次，黄金分割比出乎意料地出现了。

$$\sin 18° = \cos 72° = \frac{1}{2\phi}$$

$$\sin 36° = \cos 54° = \frac{1}{2} \cdot \frac{\sqrt{\phi^2 + 1}}{\phi}$$

$$\sin 54° = \cos 36° = \frac{\phi}{2}$$

$$\sin 72° = \cos 18° = \frac{\sqrt{\phi^2 + 1}}{2}$$

$$\tan 18° = \cot 72° = \frac{\sqrt{\phi^2+1}}{3\phi+1}$$

$$\tan 36° = \cot 54° = \frac{\sqrt{\phi^2+1}}{\phi^2}$$

$$\tan 54° = \cot 36° = \frac{\phi^2}{\sqrt{\phi^2+1}}$$

$$\tan 72° = \cot 18° = \phi\sqrt{\phi^2+1}$$

这可以一直继续下去,不过每次黄金分割比的出现已经在意料之中了(用黄金分割来表示的更多三角关系请参见附录)。

黄金数列

图 4.42 展示了一个黄金三角形 $\triangle ABC$,其中的 BD_1 平分 $\angle ABC$,然后 CD_2 平分 $\angle BCD_1$。这一过程在此图中继续下去,而相继作出的角平分线(D_1D_3, D_2D_4,D_3D_5,D_4D_6,$\cdots$,D_iD_{i+2})就构建出越来越多新的黄金三角形。

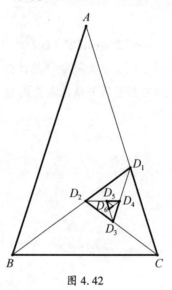

图 4.42

原来的三角形以及这些新形成的($36°$,$72°$,$72°$)三角形实际上是一系列黄金三角形(见图 4.42):$\triangle ABC$,$\triangle BCD_1$,$\triangle CD_1D_2$,$\triangle D_1D_2D_3$,$\triangle D_2D_3D_4$,$\triangle D_3D_4D_5$,$\triangle D_4D_5D_6$,$\cdots$,$\triangle D_iD_{i+1}D_{i+2}$。

显然,只要空间允许,我们就可以继续作角平分线,从而生成更多这样的黄金三角形。我们用与研究黄金矩形相同的方法来研究黄金三角形。这样,我们就可以生成一个黄金数列。

让我们从 $D_5D_6 = 1$ 开始。黄金三角形的腰与底之比为 ϕ,因此我们发现对于黄金三角形 $\triangle D_4D_5D_6$,有 $\dfrac{D_4D_5}{D_5D_6} = \dfrac{\phi}{1}$,$D_4D_5 = \phi$。

同样,对于黄金三角形 $\triangle D_3D_4D_5$,有 $\dfrac{D_3D_4}{D_4D_5} = \phi$,$D_3D_4 = \phi \cdot D_4D_5 = \phi \cdot \phi = \phi^2$。

在黄金三角形 $\triangle D_2D_3D_4$ 中, 有 $\dfrac{D_2D_3}{D_3D_4}=\phi, D_2D_3=\phi\cdot D_3D_4=\phi\cdot\phi^2=\phi^3$。

同样, 对于黄金三角形 $\triangle D_1D_2D_3$, 有 $\dfrac{D_1D_2}{D_2D_3}=\phi, D_1D_2=\phi\cdot D_2D_3=\phi\cdot\phi^3=\phi^4$。

在黄金三角形 $\triangle CD_1D_2$ 中, 有 $\dfrac{CD_1}{D_1D_2}=\phi, CD_1=\phi\cdot D_1D_2=\phi\cdot\phi^4=\phi^5$。

同样, 在黄金三角形 $\triangle BCD_1$ 中, 有 $\dfrac{BC}{CD_1}=\phi, BC=\phi\cdot CD_1=\phi\cdot\phi^5=\phi^6$。

最后, 在黄金三角形 $\triangle ABC$ 中, 有 $\dfrac{AB}{BC}=\phi, AB=\phi\cdot BC=\phi\cdot\phi^6=\phi^7$。

我们已经知道了 ϕ 的幂的规律(见第 3 章), 利用这一知识, 我们能把上面的情况总结如下, 其中 F_n 是斐波那契数[1]:

$$D_5D_6=\phi^0=0\phi+1=F_0\phi+F_{-1}$$
$$D_4D_5=\phi^1=1\phi+0=F_1\phi+F_0$$
$$D_3D_4=\phi^2=1\phi+1=F_2\phi+F_1$$
$$D_2D_3=\phi^3=2\phi+1=F_3\phi+F_2$$
$$D_1D_2=\phi^4=3\phi+2=F_4\phi+F_3$$
$$CD_1=\phi^5=5\phi+3=F_5\phi+F_4$$
$$BC=\phi^6=8\phi+5=F_6\phi+F_5$$
$$AB=\phi^7=13\phi+8=F_7\phi+F_6$$

对于一般情况, 我们得到 $\phi^n=F_n\phi+F_{n-1}$(其中 $n\geqslant 0$)。

根据图 4.43, 现在我们来考虑 $\triangle ABC(=\triangle D_0D_1D_2)$, 这是一个黄金三角形, 其中 $AB=AC=a, BC=c$, 因此我们得到

$$\frac{a}{c}=\frac{\sqrt{5}+1}{2}=\phi$$

前面已经知道, 点 D_3 将边 AC 分成黄金分割。我们还知道 $AD_3=BD_3$

---

① 请注意, $F_0=0$, $F_{-1}=1$。——原注

$=BC$，即 $D_0D_3=D_1D_3=D_1D_2$，以及 $\angle D_0D_3D_1=108°$。

正如我们之前对黄金矩形所做的那样，我们可以通过作圆弧来连接相继的黄金三角形的各顶点，从而生成一条近似的对数螺线，如图 4.43 所示。

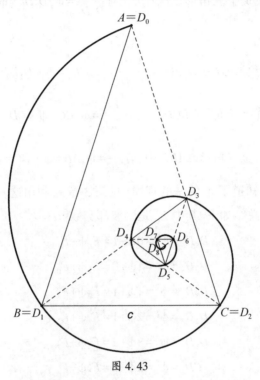

图 4.43

也就是说，我们按以下顺序作圆弧：

以 D_3 为圆心作 $\overset{\frown}{AB}$

以 D_4 为圆心作 $\overset{\frown}{BC}$

以 D_5 为圆心作 $\overset{\frown}{CD_3}$

以 D_6 为圆心作 $\overset{\frown}{D_3D_4}$

以 D_7 为圆心作 $\overset{\frown}{D_4D_5}$

以 D_8 为圆心作 $\overset{\frown}{D_5D_6}$

以 D_9 为圆心作 $\overset{\frown}{D_6D_7}$，以此类推。

等腰三角形 $D_0D_1D_2$ 的底 $c=BC=D_1D_2$ 是等腰三角形 $D_0D_1D_3$ 的一条腰（$r=D_0D_3=D_1D_3$），因此也是所作的 $\frac{3}{10}$ 圆弧 $\overset{\frown}{AB}$ 的半径 r（$\angle D_0D_3D_1=108°=\frac{3}{10}\times360°$）。一条 $\frac{3}{10}$ 圆弧的长度为

$$\frac{3}{10}\cdot2\pi r=\frac{3\pi}{5}\cdot r$$

因此，$\overset{\frown}{AB}=\frac{3\pi}{5}\cdot D_1D_2=\frac{3\pi}{5}\cdot c$

表 4.2

n	等腰三角形 $\triangle D_nD_{n+1}D_{n+2}$	等腰三角形的底 = 圆弧的半径	$\frac{3}{10}$ 圆弧的长度
0	$\triangle D_0D_1D_2$	$BC=D_1D_2=\frac{1}{\phi^0}=c$	$\frac{3\pi}{5}\cdot c\cdot\frac{1}{\phi^0}=\frac{0\sqrt5-2}{2}\cdot\frac{3\pi}{5}\cdot c$
1	$\triangle D_1D_2D_3$	$D_2D_3=\frac{c}{\phi^1}$	$\frac{3\pi}{5}\cdot c\cdot\frac{1}{\phi^1}=\frac{1\sqrt5-1}{2}\cdot\frac{3\pi}{5}\cdot c$
2	$\triangle D_2D_3D_4$	$D_3D_4=\frac{c}{\phi^2}$	$\frac{3\pi}{5}\cdot c\cdot\frac{1}{\phi^2}=-\frac{1\sqrt5-3}{2}\cdot\frac{3\pi}{5}\cdot c$
3	$\triangle D_3D_4D_5$	$D_4D_5=\frac{c}{\phi^3}$	$\frac{3\pi}{5}\cdot c\cdot\frac{1}{\phi^3}=\frac{2\sqrt5-4}{2}\cdot\frac{3\pi}{5}\cdot c$
4	$\triangle D_4D_5D_6$	$D_5D_6=\frac{c}{\phi^4}$	$\frac{3\pi}{5}\cdot c\cdot\frac{1}{\phi^4}=-\frac{3\sqrt5-7}{2}\cdot\frac{3\pi}{5}\cdot c$
5	$\triangle D_5D_6D_7$	$D_6D_7=\frac{c}{\phi^5}$	$\frac{3\pi}{5}\cdot c\cdot\frac{1}{\phi^5}=\frac{5\sqrt5-11}{2}\cdot\frac{3\pi}{5}\cdot c$
6	$\triangle D_6D_7D_8$	$D_7D_8=\frac{c}{\phi^6}$	$\frac{3\pi}{5}\cdot c\cdot\frac{1}{\phi^6}=-\frac{8\sqrt5-18}{2}\cdot\frac{3\pi}{5}\cdot c$
7	$\triangle D_7D_8D_9$	$D_8D_9=\frac{c}{\phi^7}$	$\frac{3\pi}{5}\cdot c\cdot\frac{1}{\phi^7}=\frac{13\sqrt5-29}{2}\cdot\frac{3\pi}{5}\cdot c$
...			

令人惊讶的是，当你审视这些结果时（表 4.2），会再次看到与 $\sqrt5$ 前相

乘的数是 F_n(0, 1, 1, 2, 3, 5, 8, 13, …)，后面的常数则显然是卢卡斯数 L_n(2, 1, 3, 4, 7, 11, 18, 29, …)。①

图 4.43 中从点 D_0 到点 D_8 的那段**斐波那契–卢卡斯螺线**的长度是以下长度的总和：

$$\overset{\frown}{D_0D_1}+\overset{\frown}{D_1D_2}+\overset{\frown}{D_2D_3}+\overset{\frown}{D_3D_4}+\overset{\frown}{D_4D_5}+\overset{\frown}{D_5D_6}+\overset{\frown}{D_6D_7}+\overset{\frown}{D_7D_8}$$

$$=\frac{3\pi}{5}\cdot c\cdot\left(\frac{1}{\phi^0}+\frac{1}{\phi^1}+\frac{1}{\phi^2}+\frac{1}{\phi^3}+\frac{1}{\phi^4}+\frac{1}{\phi^5}+\frac{1}{\phi^6}+\frac{1}{\phi^7}\right)$$

$$=\frac{3\pi}{5}\cdot c\cdot\frac{9\sqrt{5}-15}{2}\approx4.829\ 832\ 832\cdot c$$

而为了计算整条螺线的长度，我们必须回忆一下，在第 3 章中，我们得出过 $\dfrac{1}{\phi^1}+\dfrac{1}{\phi^2}+\cdots+\dfrac{1}{\phi^n}+\cdots=\phi$。

因此

$$\frac{1}{\phi^0}+\frac{1}{\phi^1}+\frac{1}{\phi^2}+\cdots+\frac{1}{\phi^n}+\cdots=\frac{1}{\phi^0}+\left(\frac{1}{\phi^1}+\frac{1}{\phi^2}+\cdots+\frac{1}{\phi^n}+\cdots\right)=\frac{1}{\phi^0}+\phi=1+\phi=\phi^2$$

现在我们就能求出这条螺线的长度了，求解过程如下：

$$螺线长度=\frac{3\pi}{5}\cdot c\cdot\left(\frac{1}{\phi^0}+\frac{1}{\phi^1}+\frac{1}{\phi^2}+\cdots+\frac{1}{\phi^n}+\cdots\right)$$

$$=\frac{3\pi}{5}\cdot c\cdot\phi^2=\frac{3\pi}{5}\cdot c\cdot\frac{\sqrt{5}+3}{2}\approx4.934\ 877\ 807\ 0\cdot c<5c$$

再次令人惊讶的是，我们发现：虽然这条螺线能无限地继续下去，但它的长度是一定的。

---

① 参见黄金矩形中的四分之一圆构成的那条螺线，它近似于黄金螺线。——原注

黄金半径

你可能已经预料到,对于与具有黄金分割特征的三角形相关的那些圆来说,它们也必然会有黄金半径。我们将使用一个直角三角形,其一条直角边的长度是另一条直角边长度的 2 倍,斜边比较长的直角边长 1 个单位长度(见图 4.44)。

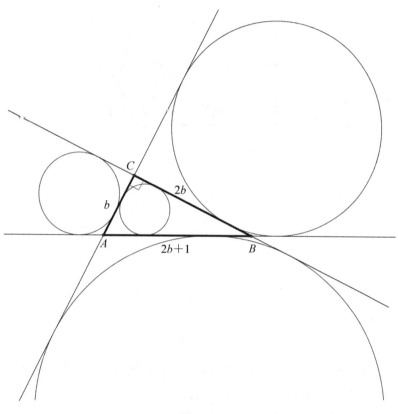

图 4.44

每个三角形都有一个**内切圆**(三角形内的圆)和三个**旁切圆**(三角形外的圆)。这些圆中的每一个都与三角形的三条边或边所在的直线相切。图 4.45 展示了一个任意三角形的内切圆和旁切圆,图 4.44 则展示了一个直角三角形的这些圆。这四个圆有时被称为**三重相切圆**。

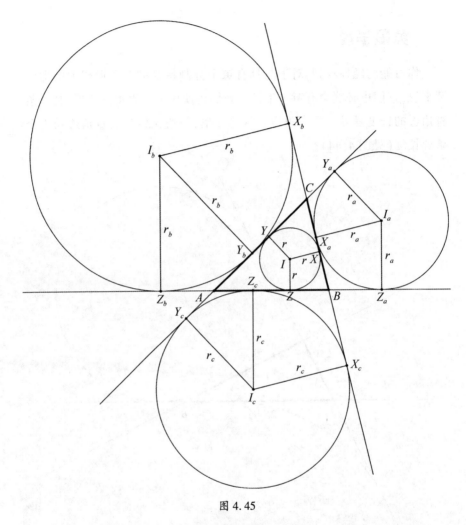

图 4.45

现在我们将注意力转向三角形的三重相切圆的半径。我们首先考虑内切圆的半径。先来证明三角形的**内切圆半径** r 等于三角形的面积 S 与其半周长 s（即其周长的一半）之比。

在图 4.46 中，我们很简单地使用三角形面积的通用公式（即底乘高的一半）得出以下等式：

$$S_{\triangle ABC} = S_{\triangle BCI} + S_{\triangle ACI} + S_{\triangle ABI}$$

$$= \frac{1}{2} IX \cdot BC + \frac{1}{2} IY \cdot AC + \frac{1}{2} IZ \cdot AB$$

$$= \frac{1}{2}ra + \frac{1}{2}rb + \frac{1}{2}rc = \frac{1}{2}r(a+b+c) = sr, \text{其中 } s = \frac{1}{2}(a+b+c)$$

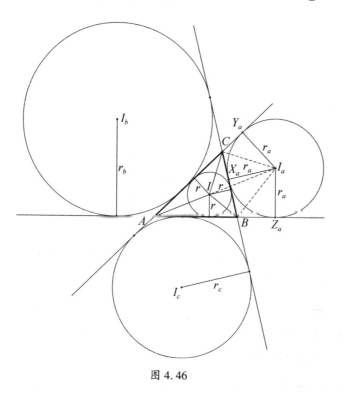

图 4.46

因此，$r = \dfrac{S_{\triangle ABC}}{s}$，这就将三角形的面积与内切圆的半径联系了起来。

现在我们将以类似的方式求三角形的三条旁切圆半径。

也就是说，我们将证明一个三角形的一个旁切圆半径，等于该三角形的面积除以三角形的半周长与旁切圆内切的那条边长之差（内切是指该旁切圆与三角形的边的切点在这条边内，而不是这条边的延长线上——超出了实际的三角形）。

在图 4.46 中，我们得到以下各式：

$$S_{\triangle ABC} = S_{\triangle ABI_a} + S_{\triangle ACI_a} - S_{\triangle BCI_a}$$

$$= \frac{1}{2}I_aZ_a \cdot AB + \frac{1}{2}I_aY_a \cdot AC - \frac{1}{2}I_aX_a \cdot BC$$

$$= \frac{1}{2}r_a c + \frac{1}{2}r_a b - \frac{1}{2}r_a a = \frac{1}{2}r_a(c+b-a) = r_a(s-a)$$

$$因此, r_a = \frac{S_{\triangle ABC}}{s-a}$$

以类似的方式,我们还可以得出 $r_b = \dfrac{S_{\triangle ABC}}{s-b}$ 和 $r_c = \dfrac{S_{\triangle ABC}}{s-c}$。如果我们将这些半径相乘,就会得到一些很好的结果(只是为了给读者带来一点乐趣):

$$r \cdot r_a \cdot r_b \cdot r_c = \frac{S_{\triangle ABC}}{s} \cdot \frac{S_{\triangle ABC}}{s-a} \cdot \frac{S_{\triangle ABC}}{s-b} \cdot \frac{S_{\triangle ABC}}{s-c} = \frac{S_{\triangle ABC}^4}{s(s-a)(s-b)(s-c)}$$

这个分母让我们想起用于计算三角形面积的海伦公式①:

$$S_{\triangle ABC} = \sqrt{s(s-a)(s-b)(s-c)}$$

因此 $S_{\triangle ABC}^2 = s(s-a)(s-b)(s-c)$。代入上面那个半径相乘的式子得到:$r \cdot r_a \cdot r_b \cdot r_c = S_{\triangle ABC}^2$。

现在我们回到图 4.44 所示的那个特殊直角三角形。我们有 Rt$\triangle ABC(\angle ACB = 90°)$,其边长为 b、$2b$ 和 $2b+1$。对这个三角形应用毕达哥拉斯定理,我们得到 $(2b+1)^2 = 4b^2 + b^2$,将该式展开为 $4b^2 + 4b + 1 = 4b^2 + b^2$,并进一步简化为 $b^2 - 4b - 1 = 0$。② 这个二次方程的正根为 $b = 2+\sqrt{5}$(我们舍去了负根 $2-\sqrt{5}$,因为负根不能应用于几何中)。将 b 用我们现在已经熟悉的 ϕ 来表示,就得到 $b = 2+\sqrt{5} = \phi^3 = 2\phi+1$。

现在我们有了这个三角形的三边的边长(图 4.44),接下来就可以求出它的周长和面积了。但请注意,我们是用黄金分割比来表达它们的!

这个特定直角三角形的各边为:

$$b = 2+\sqrt{5} = \phi^3 = 2\phi+1$$

---

① 海伦公式,又称海伦—秦九韶公式。罗马数学家亚历山大城的海伦和我国南宋时期的著名数学家秦九韶(1208—1268)都提出过这个公式。——译注

② Herta T. Freitag and Sahib Singh, "Golden Radii," *Fibonacci Quarterly* 32, no. 4 (1994):376. ——原注

$$a = 2b = 2(2+\sqrt{5}) = 2\phi^3 = 4\phi+2$$

$$c = a+1 = 5+2\sqrt{5} = 4\phi+3$$

我们可以得到其半周长如下：

$$s = \frac{a+b+c}{2} = \frac{4\phi+2+2\phi+1+4\phi+3}{2} = 5\phi+3$$

然后就可以很容易地求出该三角形的面积为：

$$S_{\triangle ABC} = \frac{BC \cdot AC}{2} = \frac{a \cdot b}{2} = \frac{(4\phi+2)\cdot(2\phi+1)}{2} = \frac{8\phi^2+4\phi+4\phi+2}{2}$$

$$= 4\phi^2+4\phi+1 = 8\phi+5 = 9+4\sqrt{5}$$

我们现在可以来求 Rt$\triangle ABC$ 的每个内切圆和旁切圆半径了：

$$r = \frac{S_{\triangle ABC}}{s} = \frac{8\phi+5}{5\phi+3} = \frac{\sqrt{5}+1}{2} = \phi$$

$$r_a = \frac{S_{\triangle ABC}}{s-a} = \frac{8\phi+5}{\phi+1} = \frac{3\sqrt{5}+7}{2} = 3\phi+2 = \phi^4$$

$$r_a = \frac{S_{\triangle ABC}}{s-b} = \frac{8\phi+5}{3\phi+2} = \frac{\sqrt{5}+3}{2} = \phi+1 = \phi^2$$

$$r_a = \frac{S_{\triangle ABC}}{s-c} = \frac{8\phi+5}{\phi} = \frac{5\sqrt{5}+11}{2} = 5\phi+3 = \phi^5$$

又一次，我们能够用黄金分割比来表示这些半径。因此，我们似乎有理由将这些半径称为**黄金半径**。

黄金角度

现在再来确认什么是一个黄金角度再合适不过了。正如你现在已经猜到的,我们将展示一个可以用黄金分割比来表示的角度。让我们考虑这样的一个角度:它将一个圆分成两段大小与黄金分割比相关的圆弧。可以证明,图 4.47 中的角度 β 和 γ 符合黄金分割:

$$\frac{周长}{弧长\ a} = \frac{a+b}{a} = \frac{弧长\ a}{弧长\ b} = \phi$$

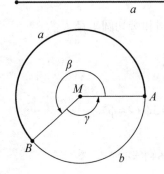

图 4.47

表达这一点的另一种方式是 $\dfrac{360°}{\varphi} = \dfrac{\varphi}{\psi} = \phi$,因此,你可以计算出下列值:

$$\varphi = \frac{360°}{\phi} = 222.492\ 235\ 9\cdots° \approx 222.5°$$

$$\psi = 360° - \frac{360°}{\phi} = 137.507\ 764\ 0\cdots° \approx 137.5°$$

这个角度 ψ 有时也被称为**黄金角度**,它在自然界中也有体现。

黄金五边形和黄金五角星

我们在图 4.48 中展示了一个正五边形,即所有边都相等、所有角也都相等的五边形。(从这里开始,当我们谈到五边形时,指的都是**正五边形**——它的所有边都相等,所有对角线都相等,所有角也都相等。同样,我们只会讨论**正五角星**。)在一个正五边形中作对角线,就会出现一个有五个尖角的星形图案,这被称为五角星(图 4.49 和 4.50)。你可能已经猜到了,这个图形中贯穿着黄金分割。不过,在我们探索五边形和五角星的特征之前,应该先提一下,正五角星是毕达哥拉斯信奉者的秘密识别符号,其中有一名信奉者叫做梅塔蓬特姆的希帕索斯(Hippasus of Metapontum,约公元前 450)。据推测,他发现正五边形对角线与边长之比不能用正整数构成的分数来表示。这样就引入了无理数的概念,使得毕达哥拉斯的信徒们非常不安,他们希望万事万物都能用数来表示。他们的这个无理数后来被证明是基于 φ 的值(参见第 3 章)。

五边形 五角星

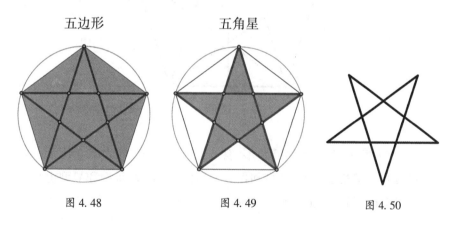

图 4.48 图 4.49 图 4.50

希帕索斯发现有些长度没有共同的度量,或者说是不可公度的,这导致了毕达哥拉斯社团内部的分裂。有一些"聆听者"毫不怀疑地接受了大师的话,但还有一些"学习者"接受了希帕索斯的新发现。根据一些传说,希帕索斯在一次船难中被溺毙是众神对他的惩罚,因为他揭露了不可公度这个秘密。当然,关于他死亡的传说还有其他版本,其中大多数都将他与这种不可公度的发现联系在一起。五角星也出现在各种文化背景中。在歌德的《浮士德》中,这是一个用来抵御女巫和邪灵的符号,它被用粉笔画在地板上,以防止梅菲斯特①接近房间。

在我们开始对五边形和五角星的讨论时,应首先注意到有五个重叠的黄金三角形:△ADC、△BED、△CAE、△DAB 和△EBC。图 4.51 中展示了这些三角形以及五角星的内切圆和外接圆。回想一下,黄金三角形的顶角为 36°,底角为 72°。五边形的各个角都是 108°。很容易看出,五角星的各对角线平行于五边形的对边,并且各对角线将五边形的每个角三等分。

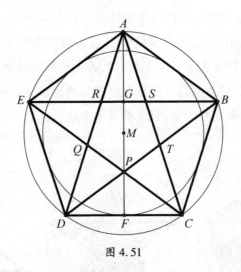

图 4.51

正五边形中包含 35 个三角形,有 6 种不同类型,如表 4.3 所示。此外,Ⅳ型和Ⅴ型是全等的,Ⅱ型和Ⅳ型是相似的,Ⅰ型、Ⅲ型和Ⅵ型也是相似的。你肯定已经认出了其中的黄金三角形!

---

① 《浮士德》(Faust)是德国作家歌德(Johann Wolfgang von Goethe,1749—1832)的长篇诗剧,梅菲斯特(Mephisto)是其中的魔鬼。——译注

表 4.3

数量	例子
5 个 I 型	
5 个 II 型	
10 个 III 型	
5 个 IV 型	
5 个 V 型	
5 个 VI 型	

正五边形中还包含 4 种类型的共 20 个四边形和 1 个五边形,如表 4.4 所示。

表 4.4

数量	例子
5 个 A 型	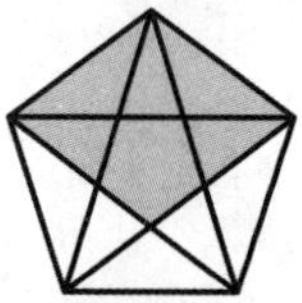
5 个 B 型	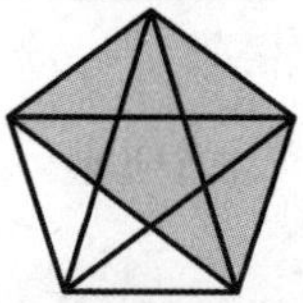
5 个 C 型	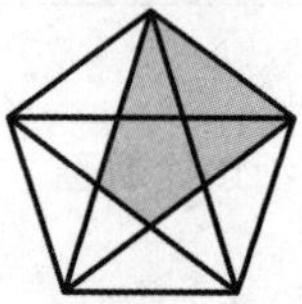
5 个 D 型	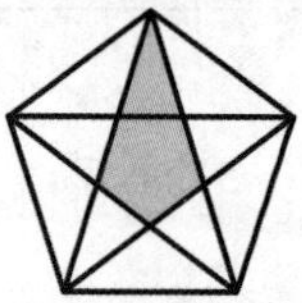
1 个	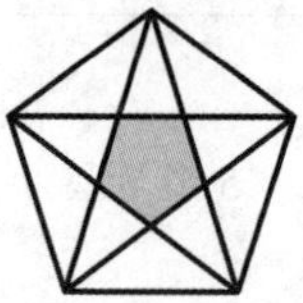

现在你应该已经注意到了,各对角线彼此相交成黄金分割。不过,我们现在将展示这个例子中还存在着各种其他黄金分割。以下只是其中的一些:

- 五边形的边:内切圆的半径
- 五边形的边:外接圆的半径
- 内切圆的半径:外接圆的半径
- 五边形中各种图形的面积
- 五边形的面积:五角星的面积
- 各五边形的面积

方便起见,我们在图 4.52 中标明五边形的各个部分:

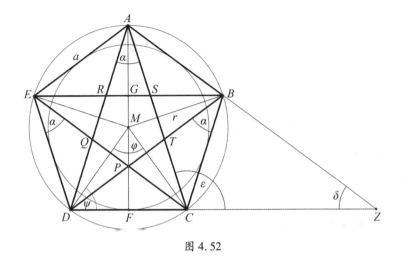

图 4.52

边长:

$AE=a$(五边形的边)

$AD=d$(五边形的对角线或五角星的边)

$AM=r$(外接圆的半径)

$FM=\rho$(内切圆的半径)

$AF=b$(五边形的高;也平分五边形相应的边和角)

$AG=c$($\triangle ABE$ 和 $\triangle ARS$ 的高、垂直平分线和角平分线)

$AR=e$(五角星边的突出部分)

$RS=f$(较小五边形 $RSTPQ$ 的边)

角度大小:

$$\angle CMD=\varphi=\frac{360°}{5}=72°$$

$$\angle CDM=\psi=54°①$$

$$\angle DCE=\angle ACE=\alpha=36°$$

---

① 在等腰三角形 CDM 中,$CM=DM=r$。因此,$\angle CDM+\angle DCM=2 \cdot \angle CDM=2\psi=$ $180°-\varphi=108°$,$\angle CAD=\angle CED=\angle CBD=\alpha=36°$。——原注

$$\angle ACD = \angle ACE + \angle DCE = 2\alpha = 72°$$

$$\angle ACZ = \varepsilon = 180° - \angle ACD = 180° - 72° = 108°$$

$$\angle AZC = \angle AZD = \delta = 36°$$

$$\angle CAZ = \angle CAB = \alpha = 36°$$

$$\angle CAD = \angle DBE = \angle ACE = \angle BDA = \angle BEC = 36°$$

根据上面给出的这些角度的大小,可以确定图中其余的角度,这主要是由于五边形或五角星所具有的对称性。我们可以看到,表4.3中显示的所有三角形都是黄金三角形。其中包括我们之前发现边长符合黄金分割的锐角三角形和钝角三角形。

表4.4中的A型四边形是一个边长为 a、两个角度分别为72°和108°的菱形(如图4.53所示)。

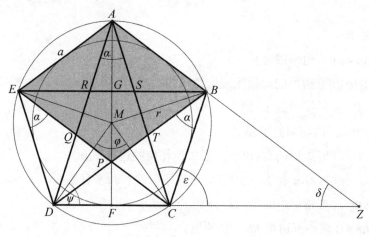

图 4.53

在图4.53中,我们看到这个菱形的长对角线(BE)与五边形的边长之比为黄金分割比。也就是说,当我们有 $BE = d$ 和 $AB = a$ 时,我们得到 $\dfrac{d}{a}$ $= \phi$,于是有

$$d = a\phi = \frac{\sqrt{5}+1}{2}a$$

我们还可以证明这个菱形的短对角线也与五边形的边有关,其关系

如下：

$$AP = AG + GP = c + c = 2c$$

在 $\triangle AEG$ 中，$\sin \angle AEG = \sin \alpha = \dfrac{AG}{AE} = \dfrac{c}{a}$。因此

$$c = a \cdot \sin \alpha = \frac{\sqrt{5 - \sqrt{5}}}{8} \cdot a = \frac{\sqrt{\phi^2 + 1}}{2\phi} \cdot a。$$

我们可以把上式写成

$$\frac{c}{a} = \frac{\sqrt{\phi^2 + 1}}{2\phi}，或 \frac{2c}{a} = \frac{\sqrt{\phi^2 + 1}}{\phi} = \frac{AP}{AE}$$

当我们将菱形的一条对角线与该五边形的边作比例时，黄金分割比再一次出现了。

现在，让我们关注两个等腰梯形，它们在表 4.4 中属于 B 型和 C 型，且在图 4.54 和图 4.55 的两个五边形中也分别显示了这两个梯形。这里我们得到：这两个等腰梯形各自的上、下底之比都符合黄金分割。

在这两种情况下，你都会注意到，这两个梯形的两条底分别是由五边形的一条边和它的一条对角线的部分或全部长度组成。图 4.54 中用阴影表示的梯形以三角形的一条腰（EC，即 $\triangle BEC$ 的一条腰）和这个三角形的底（$AB = BC$，即 $\triangle BEC$ 的底）为其上、下两条底边。因此，考虑到我们先前确定的黄金三角形中的那些比例，梯形 $ABCE$（图 4.54）的上底与下底之比就是黄金分割比 $\dfrac{EC}{AB} = \phi$。

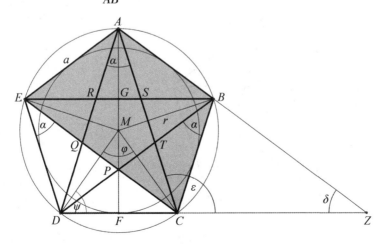

图 4.54

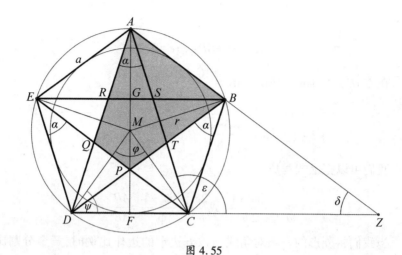

图 4.55

同理,我们也可以证明,对于图 4.55 中的梯形 *ABPQ*,其两条底边之比也涉及黄金分割比,$\dfrac{AB}{QP} = \phi^2$(附录中给出了对一点的证明)。

黄金分割比也出现在表 4.4 的 D 型风筝四边形中,图 4.56 中再次展示了这个四边形。四边形 *QTRE* 是一个平行四边形,因为它的对边是平行的。因此,$QT = RE = AR = e$。我们知道 $\dfrac{a}{e} = \phi$,因此,为了找到黄金分割比,我们有一条边与一条对角线之比 $\dfrac{QA}{TQ} = \phi$。(关于这一点的更多讨论请参见附录。)

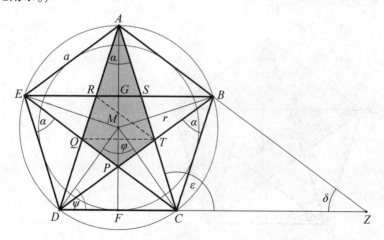

图 4.56

这就还剩下那个较小的五边形(图4.57)需要加以研究了,我们将它与原来的那个五边形联系起来,看看黄金分割比是否会出现在这样的对比之中。正如我们期望的那样,这一大一小的两个五边形的边也符合黄金分割,我们先前(在梯形 $ABPQ$ 中)已经确定了这一点,即 $\dfrac{AB}{QP}=\phi^2$。

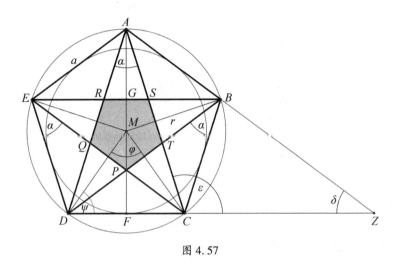

图 4.57

由于在这个构形中出现了如此多黄金分割,我们将总结一下刚才强调的一些主要关系。

• (较大)五边形的对角线与它的一条边之比是

$$\phi=\frac{\sqrt{5}+1}{2}$$

• 五边形的对角线将彼此分成黄金分割。

• 五边形的对角线在两点处被分成黄金分割。

• 五边形的边(例如 AE)与五角星的边的突出部分(例如 AR)符合黄金分割。

从图4.58中,我们可以清楚地看到,这两个五边形的边长之比与 ϕ 相关,其比例为 $\phi^2:1$。此外,从此图中,我们可以从另一种角度看到我们已经说过的,即五边形对角线的交点将对角线分成保持黄金分割比的线段。

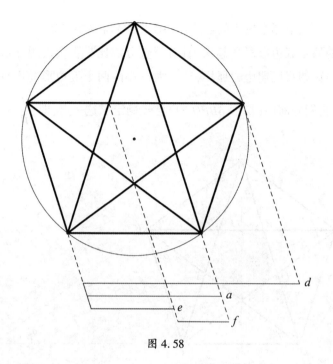

图 4.58

我们可以将此总结如下：

$$d=\phi\cdot a=\phi^2\cdot e=\phi^3\cdot f$$
$$a=\phi\cdot e=\phi^2\cdot f$$
$$e=\phi\cdot f$$

由于 $d=a+e$，即可得到 $\phi^3\cdot f=\phi^2\cdot f+\phi\cdot f$。这就导出了我们现在已经很熟悉的关系 $\phi^3=\phi^2+\phi$。请注意这些关系在几何背景中和代数背景中的一致性。这正是我们在数学中所期望的！

在彻底研究了五边形和五角星之间的相互关系，以及它们各部分的关系之后，我们现在就转向研究五边形与其外接圆之间的关系——更具体地说，是与外接圆半径之间的关系。

为了用五边形的边长来表示它的外接圆半径 r，我们将使用一些简单的三角学（图4.59）。由于从点 M 发出的五条半径构成了五个相等的角，$\angle CMD=\varphi=72°$。因此，这个角度的一半就是 $\dfrac{\varphi}{2}=36°$。

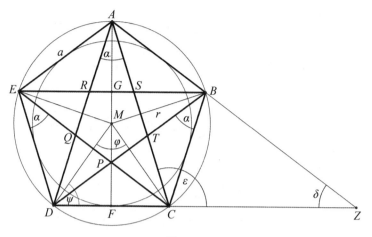

图 4.59

我们现在取

$$\sin\frac{\varphi}{2} = \frac{CF}{CM} = \frac{\frac{a}{2}}{r}$$

这可以变形为

$$r = \frac{a}{2} \cdot \frac{1}{\sin\dfrac{\varphi}{2}}, \text{或 } r = \frac{a}{2} \cdot \frac{1}{\sin 36°}①$$

我们现在可以进行以下计算

$$r = \frac{a}{2} \cdot \frac{1}{\sin 36°} = \frac{a}{2} \cdot \frac{2\phi}{\sqrt{\phi^2+1}} = a \cdot \frac{\phi}{\sqrt{\phi^2+1}} = \sqrt{\frac{5+\sqrt{5}}{10}} \cdot a②$$

---

① 根据前文的讨论,我们有 $\sin 36° = \sqrt{\dfrac{5-\sqrt{5}}{8}} = \dfrac{1}{2} \cdot \dfrac{\sqrt{\phi^2+1}}{\phi}$,于是 $\dfrac{1}{\sin 36°} = \sqrt{\dfrac{10+2\sqrt{5}}{5}} =$

$\dfrac{2\phi}{\sqrt{\phi^2+1}}$。——原注

② 请注意,此式经常写成以下形式:$\sqrt{\dfrac{5+\sqrt{5}}{10}} \cdot a = \sqrt{50+10\sqrt{5}} \cdot \dfrac{a}{10}$。——原注

$$a = \sqrt{\frac{50-10\sqrt{5}}{5}} \cdot \frac{r}{2} = \sqrt{10-2\sqrt{5}} \cdot \frac{r}{2} = \sqrt{\frac{5-\sqrt{5}}{2}} \cdot r = \frac{\sqrt{\phi^2+1}}{\phi} \cdot r \,①$$

因此,五边形的外接圆半径 r 与其边长 a 之比为

$$\frac{r}{a} = \frac{\sqrt{\frac{5+\sqrt{5}}{10}}}{a} \cdot a = \sqrt{\frac{5+\sqrt{5}}{10}} = \frac{\phi}{\sqrt{\phi^2+1}} \approx 0.850\,650\,808\,3$$

其倒数为

$$\frac{a}{r} = \sqrt{\frac{10}{5+\sqrt{5}}} = \frac{\sqrt{\phi^2+1}}{\phi} \approx 1.175\,570\,504$$

我们又一次发现,五边形各部分之间的关系可以用黄金分割比来表示。不过,在展示了五边形的外接圆与它的边之间的关系之后,我们现在有责任来展示五边形的内切圆与它的边之间的关系。也就是说,我们现在要来求五边形的边 a 与内切圆的半径 ρ 之间的关系。

我们首先将 $\triangle ACD$ 的高 $b=AF$ 作如下表示:

$$b = d \cdot \cos\frac{\alpha}{2} = a \cdot \phi \cdot \cos\frac{36°}{2} = \sqrt{\frac{5+\sqrt{5}}{8}} \cdot a \cdot \phi$$

$$= \sqrt{5+2\sqrt{5}} \cdot \frac{a}{2} = \phi\sqrt{\phi^2+1} \cdot \frac{a}{2}$$

由于 $b = AF = \sqrt{5+2\sqrt{5}} \cdot \frac{a}{2} = \phi \cdot \sqrt{\phi^2+1} \cdot \frac{a}{2} = \sqrt{\frac{5+2\sqrt{5}}{4}} \cdot a$,以及 $r =$

$AM = \sqrt{50+10\sqrt{5}} \cdot \frac{a}{10} = \sqrt{\frac{5+\sqrt{5}}{10}} \cdot a$,我们由此就能得到此内切圆的半径

$$\rho = FM = AF - AM = b - r$$

$$\rho = b - r = \sqrt{\frac{5+2\sqrt{5}}{4}} \cdot a - \sqrt{\frac{5+\sqrt{5}}{10}} \cdot a = \sqrt{5+2\sqrt{5}} \cdot \frac{a}{\sqrt{20}} = \sqrt{\frac{5+2\sqrt{5}}{20}} \cdot a$$

---

① 我们在第 5 章中将使用这种形式的 a 值: $a = \sqrt{10-2\sqrt{5}} \cdot \frac{r}{2}$。——原注

（证明 $\sqrt{5+2\sqrt{5}}=\sqrt{25+10\sqrt{5}}-\sqrt{10+2\sqrt{5}}$ 并不容易，所以我们会在附录中给出这一证明。）

因此，我们可以写出表达式

$$\rho=\sqrt{\frac{5+2\sqrt{5}}{20}}\cdot a=\frac{\phi^2}{2\sqrt{\phi^2+1}}\cdot a$$

现在，为了建立想要的比例，我们首先有

$$\frac{\rho}{a}=\frac{\sqrt{\dfrac{5+2\sqrt{5}}{20}}\cdot a}{a}=\sqrt{\frac{5+2\sqrt{5}}{20}}=\frac{\phi^2}{2\sqrt{\phi^2+1}}\approx 0.688\,190\,960\,2$$

或者其倒数：

$$\frac{a}{\rho}=\frac{2\sqrt{\phi^2+1}}{\phi^2}=\frac{\sqrt{20}}{\sqrt{5+2\sqrt{5}}}=\frac{\sqrt{20}\sqrt{5-2\sqrt{5}}}{\sqrt{5}}=2\cdot\sqrt{5-2\sqrt{5}}\approx 1.453\,085\,056$$

你可以再次看到，在这两个比例中都包含着黄金分割比。

现在，还剩下两条半径之比需要考虑，即外接圆的半径和内切圆的半径之比。使用之前已经确定的这两条半径的值，我们得到了下列比例：

$$\frac{r}{\rho}=\frac{\dfrac{\phi}{\sqrt{\phi^2+1}}}{\dfrac{\phi^2}{2\sqrt{\phi^2+1}}}=\frac{2}{\phi}=\sqrt{5}-1\approx 1.236\,067\,976$$

或者其倒数：

$$\frac{\rho}{r}=\frac{\phi}{2}=\frac{\sqrt{5}+1}{4}\approx 0.809\,016\,994\,3$$

现在我们已经通过大量出现的黄金分割比找到了关于五边形和五角星的几乎所有线性比较，接下去我们可以看看将前面提到的各个部分的面积作比较会有何发现。

我们首先比较我们在表4.3中确定的各种三角形的面积，方便起见，我们在这里再次给出它，即表4.5。

表 4. 5

数量	例子
5 个 I 型	
5 个 II 型	
10 个 III 型	
5 个 IV 型	
5 个 V 型	
5 个 VI 型	

　　为了更方便地对这些面积作出比较,我们提供一张表格(表 4.6),列出 i 型三角形和 j 型三角形的面积之比。例如,为了求出 III 型三角形的面积与 V 型三角形的面积之比,我们要在相应的行和列的相交处找到数据,以得到

$$\frac{\sqrt{5}-1}{2}$$

用同样的方法，我们也可以求出Ⅴ型三角形的面积与Ⅲ型三角形面积之比，即

$$\frac{\sqrt{5}+1}{2}$$

正如你所预料的那样，这是之前求得的那个值的倒数。你还会注意到，在表4.6中，Ⅳ型和Ⅴ型三角形具有相同的面积。这一点我们可以在表4.5中清楚地看到。

表 4.6

i 型的面积: j 型的面积	Ⅰ 型	Ⅱ 型	Ⅲ 型	Ⅳ 型	Ⅴ 型	Ⅵ 型
Ⅰ 型	1	$\frac{\sqrt{5}-1}{2}$	$\frac{3-\sqrt{5}}{2}$	$\sqrt{5}-2$	$\sqrt{5}-2$	$\frac{7-3\sqrt{5}}{2}$
Ⅱ 型	$\frac{\sqrt{5}+1}{2}$	1	$\frac{\sqrt{5}-1}{2}$	$\frac{3-\sqrt{5}}{2}$	$\frac{3-\sqrt{5}}{2}$	$\sqrt{5}-2$
Ⅲ 型	$\frac{\sqrt{5}+3}{2}$	$\frac{\sqrt{5}+1}{2}$	1	$\frac{\sqrt{5}-1}{2}$	$\frac{\sqrt{5}-1}{2}$	$\frac{3-\sqrt{5}}{2}$
Ⅳ 型	$\sqrt{5}+2$	$\frac{\sqrt{5}+3}{2}$	$\frac{\sqrt{5}+1}{2}$	1	1	$\frac{\sqrt{5}-1}{2}$
Ⅴ 型	$\sqrt{5}+2$	$\frac{\sqrt{5}+3}{2}$	$\frac{\sqrt{5}+1}{2}$	1	1	$\frac{\sqrt{5}-1}{2}$
Ⅵ 型	$\frac{3\sqrt{5}+7}{2}$	$\sqrt{5}+2$	$\frac{\sqrt{5}+3}{2}$	$\frac{\sqrt{5}+1}{2}$	$\frac{\sqrt{5}+1}{2}$	1

我们现在将原五边形的面积与其中的五角星的面积进行比较。为了做到这一点，我们将原五边形的面积视为两个Ⅳ型三角形和一个Ⅵ型三角形的面积之和。从表4.5中图形的对称性可以直观地看出这一点。

五边形面积 = 2·Ⅳ型三角形面积 + Ⅵ型三角形的面积

$$=\frac{\sqrt{2}\cdot\sqrt{5+\sqrt{5}}}{8}\cdot 2a^2+\frac{\sqrt{5+2\sqrt{5}}}{4}\cdot a^2$$

$$=\frac{\phi^2}{\sqrt{\phi^2+1}}\cdot\frac{5a^2}{4}\approx 1.720\,477\,400\cdot a^2$$

为了得到五角星的面积,我们将从原五边形的面积中去掉五个Ⅱ型三角形:

$$五角星面积 = 五边形面积 - 5 \cdot Ⅱ型三角形的面积 = a^2 \cdot \frac{\sqrt{25-10\sqrt{5}}}{2}$$

$$= \frac{\sqrt{\phi^2+1}}{\phi^2} \cdot \frac{\sqrt{5}\,a^2}{2} \approx 0.812\ 299\ 240\ 5 \cdot a^2$$

我们现在已经有足够的信息了,据此可以确定五边形与五角星面积之比。

$$\frac{五边形面积}{五角星面积} = \frac{\dfrac{\sqrt{25+10\sqrt{5}}}{4}}{\dfrac{\sqrt{25-10\sqrt{5}}}{2}} = \frac{\sqrt{5}+2}{2} = \phi + \frac{1}{2} \approx 2.118\ 033\ 988$$

我们之前已经确定了图中两个五边形的边长之比是$\dfrac{a}{f} = \phi^2$。两个相似图形(在本例中是两个五边形)的面积之比是相应的线性部分之比的平方,由此可以直接得出

$$\frac{五边形面积}{较小五边形面积} = \phi^4$$

换句话说,两个五边形的面积之比是$\phi^4 : 1$。这可以进一步证明如下:

$$\frac{五边形面积}{较小五边形面积} = \frac{\dfrac{\sqrt{25+10\sqrt{5}}}{4}}{\dfrac{\sqrt{2} \cdot \sqrt{125-55\sqrt{5}}}{8}} = \frac{3\sqrt{5}+7}{2} = \phi^4 \approx 6.854\ 101\ 966$$

至此,我们就完成了对这个内接正五边形各个部分的比较。我们作出的每次比较都依赖于那个无处不在的黄金分割比。

多边形作图

在我们转向讨论正五边形的作图前,要先简要地回顾一下其他常见正多边形的作图过程。(请记住,当我们谈论几何作图时,我们考虑使用的工具是无刻度的直尺和圆规,而**不能用**量角器之类的工具。)为了作出一个有三条边的正多边形,也就是我们常说的**等边三角形**,我们只需作一条线段 *AB*,并以该长度为半径作两个圆,如图 4.60 所示,然后将它们的交点 *C* 与 *A*、*B* 两点连接成一个三角形。

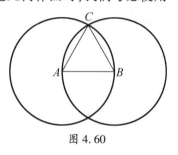

图 4.60

在图 4.61 中,我们展现了正六边形的作图,这只需要将等边三角形的作图过程重复六次。为了使表述简单一点,我们将用符号⊙来表示作一个圆,用符号⊥表示作一条垂线。正四边形——**正方形**——的作图也相当简单。有多种方法可以完成这一作图。其中的一种方法如图 4.62 所示。在这里,我们简单地从线段 *AB* 开始,然后在其两端各作一条垂线,然后作如图所示的两条圆弧来定出正方形的另外两个顶点,这样就完成了作图。

141

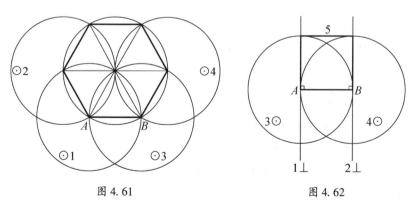

图 4.61

图 4.62

现在我们来讨论正五边形的作图。前三个多边形的作图都很简单,正五边形的作图可一点也不简单。如果不熟悉黄金分割,那么要作出正五边形会相当困难。此外,我们可以说,如果我们可以用无刻度的直尺和圆规来作出黄金分割,那么也就可以用这些作图工具来作出正五边形。与前面的三种作图不同,图 4.63 所示的这种用无刻度的直尺和圆规作正五边形的过程,虽然乍看之下很令人费解,但其实很容易照着做。

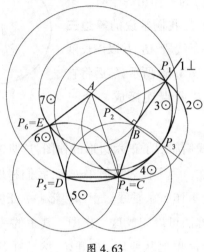

图 4.63

我们从线段 AB 开始,这将是我们要作的五边形边的边长。

1⊥:在点 B 处作线段 AB 的一条垂线。

2⊙:以点 B 为圆心、AB 为半径作一个圆,并将此圆与已作出的垂线的交点标为点 P_1。

3⊙:作 AB 的中点 P_2。然后以 P_2 为圆心、P_1P_2 为半径作一个圆,与 AB 的延长线相交于点 P_3。

4⊙:以 A 为圆心、AP_3 为半径作一个圆,与我们在第 2 步中所作的圆相交于点 P_4(我们称该点为 C)。然后作线段 BC。

5⊙:以 P_4 为圆心、BP_4 为半径作一个圆,将该圆与我们在第 4 步中所作的圆的交点标记为点 P_5(我们称该点为 D)。这个圆也会通过 P_3,然后作线段 CD。

6⊙:以 P_5 为圆心、P_4P_5 为半径作一个圆。

7⊙:以点 A 为圆心、AB 为半径作一个圆,与我们在第 6 步中所作的圆相交于点 P_6(我们称该点为 E)。然后作线段 DE。

8:作线段 EA,正五边形完成。

至于这种正五边形作图为什么是基于黄金分割的作图,我们来简要地解释一下。在等腰三角形 ABC 中,我们令 $AC=d,AB=a$,这两条线段之比是 $d:a=\phi$,而这就是黄金分割比。利用之前的对角线作图,我们得到 $d=a\cdot\phi$(见第 1 章)。一旦作出了 $\triangle ABC$,那么以 a 为半径、分别以点 A、C 和 D 为圆心作圆,我们就得到了该五边形剩下的几个顶点。

顺便说一句,作为上述作图方法的一种替代方案,你会注意到,在这个作图过程中,当我们得到 $\triangle ABC$ 时,就作出了一个 36° 的角,即 $\angle BAC$。有了这个 36° 的角,以它为圆心角,你就能在圆上找到十个点,从而作出一个正十边形。将这十个点相继连接起来,就确定了一个正十边形。

我们也可以从原来的五边形作图得到一个正十边形,只需找到五边形的中心,作其外接圆,然后平分由五边形顶点确定的每条弧,就可以得到十边形的另外五个顶点。

其他构形中的五边形

在完成了对五边形的作图和分析之后,我们将考察一些可以从五边形演变而来的有趣关系。我们首先将图 4.64 中用阴影表示的正五边形绕点 W 顺时针旋转 $72°$,然后将该五边形的图像绕点 X 再旋转 $72°$,并继续绕点 Y 和 Z 重复这个 $72°$ 的旋转,直到到达点 E,此时原来的(用阴影表示的)五边形将处于其初始方向。

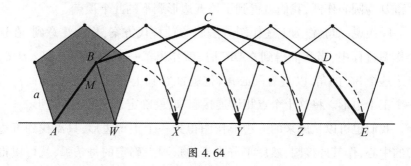

图 4.64

依次连接点 A、B、C、D、E,如图 4.64 所示,就得出一个相当有趣的构形。我们得到了一个拱形 $ABCDE$,其各部分符合黄金分割,$\dfrac{BC}{AB} = \dfrac{CD}{DE} = \phi$(为了不分散我们对五边形的欣赏,对于这一特征的证明以及由此得出的一些推论,我们在附录中阐述)。我们可以因此称之为**黄金拱形**。虽然看起来有违直觉,但拱形 $ABCDE$ 下方的面积是原来的五边形(用阴影表示)面积的 3 倍。此外,这个构形还有一个有趣的方面:原来的五边形的中心 M 位于线段 AB 上。此外,我们还有 $\angle BAE =$ $\angle AED = 54°$,以及 $\angle ABC = \angle BCD = \angle CDE$ $= 144°$。

为了进一步增加我们对五边形(边长为 a)的欣赏,请考虑以下情况:我们之前通过作一个五边形的对角线构造出了另一个五边形。这个过程可以无限继续下去(图 4.65),相继得到的五边形都是正五边形,因此所有这些五边

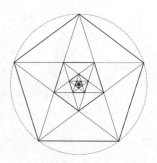

图 4.65

形都是相似的。为了从一个五边形的半径(即其外接圆的半径)得到下一个五边形的半径,我们要乘

$$k = \frac{3-\sqrt{5}}{2} = \frac{1}{\phi^2}$$

又一次,我们现在已经熟悉的黄金分割出现了!

使用相继五边形之间的相乘因子$\frac{1}{\phi^2}$,我们就可以得出相继五边形的各边长。从最外面的那个边长为 a 的五边形开始,我们可以通过乘法 $a \cdot \frac{1}{\phi^2}$ 得到下一个较小五边形的边长 $a_1 = \frac{a}{\phi^2}$,然后用同样的方法求出再小一号的五边形的边长 a_2,也就是将 a_1 乘 $\frac{1}{\phi^2}$,即 $a_2 = \frac{a}{\phi^2} \cdot \frac{1}{\phi^2} = \frac{a}{\phi^4}$。

以这种方式继续下去,我们得到 $a_3 = a_2 \cdot \frac{1}{\phi^2} = \frac{a}{\phi^4} \cdot \frac{1}{\phi^2} = \frac{a}{\phi^6}$。

同理,我们接下去得到 $a_4 = a_3 \cdot \frac{1}{\phi^2} = \frac{a}{\phi^6} \cdot \frac{1}{\phi^2} = \frac{a}{\phi^8}$。

这可以无限继续下去,通项为

$$a_n = a_{n-1} \cdot \frac{1}{\phi^2} = \frac{a}{\phi^{2n}} (n = 1, 2, 3, \cdots, \text{且 } a_0 = a)$$

如果我们希望相继生成的五边形逐渐变大(即从内向外生成五边形),只要用相乘因子 $\phi^2 \left(\text{而不是} \frac{1}{\phi^2}\right)$ 即可(图4.66)。

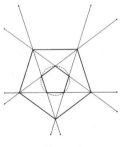

图 4.66

黄金椭圆

椭圆是一种看上去像卵的形状。不过,它的定义是与两个给定点的距离之和为常数的一组点。在图 4.67 中,我们有一个椭圆,该椭圆上所有点 P 的位置到两个固定点(这两个固定点被称为椭圆的**焦点**)F_1 和 F_2 的距离之和都是常数。也就是说,对于这个椭圆上的任何点 P,$PF_1 + PF_2$ 都相同。F_1F_2 的垂直平分线与椭圆相交于椭圆上的点 C。这样我们就能确定 $PF_1 + PF_2 = 2 \cdot CF_1 = 2a$。如果延长 F_1F_2,使其与椭圆相交于点 A 和点 B,并且当点 P 处于点 A 或点 B 的位置,就有 $AB = 2a$。

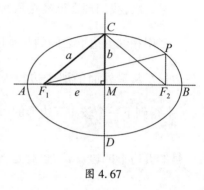

图 4.67

我们令 $CD = 2b$,我们还有 $CF_1 = CF_2 = a$ 和 $F_1F_2 = 2e$。于是,根据毕达哥拉斯定理,有

$$e = \sqrt{a^2 - b^2} \ (\text{其中}\ a \geqslant b)$$

如果两个焦点 F_1 和 F_2 重合,那么它们就是点 M,而此时椭圆就会变成一个圆。使用椭圆的这个定义,一种作出椭圆的方法是将一根细线的两端固定在两个焦点处,然后保持细线绷紧来描出椭圆。在图 4.67 中,这个细线长度为 $2a$。

椭圆面积的公式是椭圆面积 $= \pi ab$。如果 a 和 b 相等,我们就得到一个圆,于是其面积就是我们熟悉的 $\pi aa = \pi a^2$。

现在考虑一个圆,其直径是给定椭圆(其半长轴和半短轴分别为 a 和 b)的两个焦点 F_1 和 F_2 之间的距离,如图 4.68 所示。显然,能保持这个圆的形状不变的椭圆可以呈现许多不同的形状。在这些椭圆中,有一个的面积与圆的面积相同。当这两个图形面积相等时,我们有兴趣想要知道 $\dfrac{a}{b}$ 这个比例是多少。根据本书的主题,你可能会猜黄金分割比会出现。

好吧，让我们看看。

在图 4.68 中，圆心为 M、半径为 $r = MF_1 = MF_2 = e$ 的圆 c 的面积为 $\pi e^2 = \pi(a^2 - b^2)$，而椭圆的面积 $= \pi ab$。当这两个图形的面积相等时，我们得到 $\pi(a^2 - b^2) = \pi ab$，即 $a^2 - b^2 = ab$。现在将这个方程的两边除以 b^2，得到

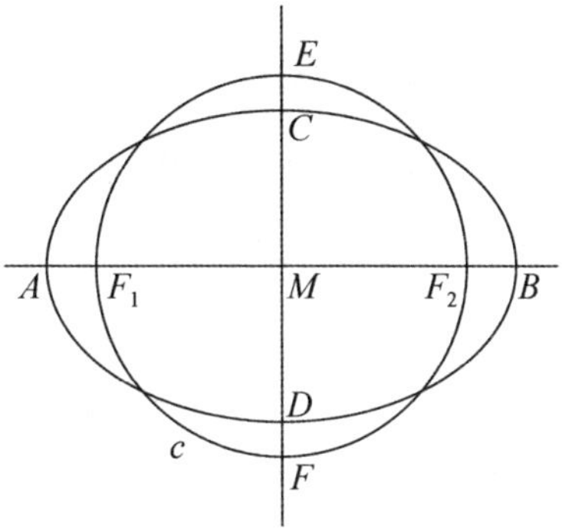

图 4.68

$$\frac{a^2 - b^2}{b^2} = \frac{ab}{b^2}$$

$$\frac{a^2}{b^2} - 1 = \frac{a}{b}$$

$$\frac{a^2}{b^2} - \frac{a}{b} - 1 = 0$$

至此，这个式子看起来就熟悉了，特别是当用 x 替换 $\frac{a}{b}$，就得到了现在已经著名的黄金分割方程，即 $x^2 - x - 1 = 0$，于是 $x = \frac{a}{b} = \phi$（请记住，这个方程的负根 $-\frac{1}{\phi}$ 与我们无关）。又一次，在最意想不到的地方，当一个椭圆的面积和直径为椭圆焦点距离的圆面积相等时，黄金分割比作为椭圆的两根半轴之比出现了。我们不妨把这个椭圆称为**黄金椭圆**。[①]

① 关于黄金椭圆的更多信息，请参见 H. E. Huntley, "The Golden Ellipse," *Fibonacci Quarterly* 12, no. 1 (1974): 38–40, and M. G. Monzingo, "A Note on the Golden Ellipse," *Fibonacci Quarterly* 14, no. 5 (1976): 388. ——原注

黄金长方体

用非专业术语来说,长方体本质上是一个盒子,即所有面都是矩形且相互垂直的长方形的立体。让我们考虑一个长方体(图 4.69),其棱长分别为 a、b 和 c,对角线长为 2,体积等于 1 立方单位。我们要求出 a、b 和 c 的值,接下去就可以得到它们彼此之间的比值,长方体的三个面的面积之比会与此相似。

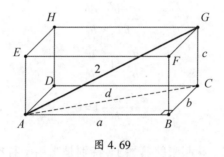

图 4.69

根据给定的信息,该长方体的体积可以表示为 $abc=1$。应用两次毕达哥拉斯定理:

对于 $\triangle ABC$,我们得到 $d^2=a^2+b^2$,对于 $\triangle ACG$,我们得到 $d^2+c^2=2^2=4$。

通过代换,我们得到 $a^2+b^2+c^2=2^2=4$。

为了使表述简单一点,我们令 $b=1$,则 $ac=1$。根据上面的等式,我们现在得到 $a^2+c^2=4-b^2=4-1=3$。将 $c=\dfrac{1}{a}$ 代入这个等式,就得到 $a^2+\dfrac{1}{a^2}=3$,或者写成更简单的形式:$a^4-3a^2+1=0$。现在,如果我们令 $a^2=x$,那么我们得到了以下方程:$x^2-3x+1=0$,它的根是

$$\frac{3}{2}\pm\sqrt{\frac{9}{4}-1}=\frac{3}{2}\pm\frac{\sqrt{5}}{2}$$

或者写成更熟悉的形式:

$$\frac{3+\sqrt{5}}{2}=\phi^2=\phi+1 \text{ 和} \frac{3-\sqrt{5}}{2}=\frac{1}{\phi^2}=\phi^{-2}$$

如果我们尝试将这个方程因式分解,就会出乎意料地得到以下因式:

$$x^2 - 3x + 1 = (x - x_1)(x - x_2) = 0$$

$$\left(x - \phi^2\right)\left(x - \frac{1}{\phi^2}\right) = 0, \text{于是 } x = \phi^2 \text{ 或 } x = \frac{1}{\phi^2}$$

如果我们现在将刚刚得到的这两个值代入 $a^2 = x$,就会得到 $a^2 = \phi^2$ 或 $a^2 = \frac{1}{\phi^2}$。请记住,$c = \frac{1}{a}$,且 $a \geqslant c$,因此,$a = \phi$,$c = \frac{1}{\phi}$。这令人惊讶地给出了此长方体三条边之比:$a : b : c = \phi : 1 : \frac{1}{\phi}$。

现在来研究第二个问题:此长方体的三个面的面积之比。如果我们将三个面的面积分别用 S_1、S_2 和 S_3 表示,且 $b = 1$,则有

$$S_1 = a \cdot b = \phi \cdot 1 = \phi$$

$$S_2 = a \cdot c = \phi \cdot \frac{1}{\phi} = 1$$

$$S_3 = b \cdot c = 1 \cdot \frac{1}{\phi} = \frac{1}{\phi}$$

在你可能还没有预料到的时候,黄金分割再次出现了:$S_1 : S_2 : S_3 = \phi : 1 : \frac{1}{\phi}$,这也可以表示为 $\phi^2 : \phi : 1$。看来有理由将这个长方体称为一个**黄金长方体**。

为了进一步阐述它的特征,我们可以取一个黄金长方体,并切掉其内部的两个具有一对相邻正方形面的长方体,如图 4.70 所示(用阴影表示这一对正方形),那么剩下的部分将是一个黄金长方体——相当令人惊讶! 这个黄金长方体的各边符合以下比例:$1 : \frac{1}{\phi} : \frac{1}{\phi^2} = \phi : 1 : \frac{1}{\phi} = \phi^2 : \phi : 1$。

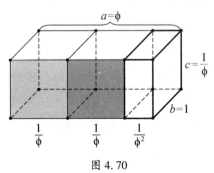

图 4.70

如果这样还不够,想要进一步发掘黄金分割,那么黄金长方体就给了我们更多欢欣鼓舞的理由。在图 4.71 中,我们发现标记为 A、B、C 和 D 的四种长方体。

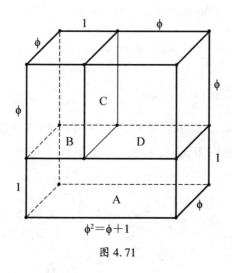

$$\phi^2=\phi+1$$

图 4.71

A 型的各棱长之比

$$a:b:c=\phi^2:\phi:1$$

$$或(\phi+1):\phi:1(因为 \phi+1=\phi^2)$$

B 型的各棱长之比为 $a:b:c=1:\phi:\phi$。

C 型的各棱长之比为 $a:b:c=\phi:\phi:\phi^2=1:1:\phi$。

D 型是棱长为 ϕ 的立方体。

如图 4.71 所示,如果一个棱长为 $\phi,\phi,1$ 的长方体(B 型)加上一个棱长为 ϕ 的立方体(D 型),就得到一个棱长为 $\phi,\phi,\phi+1(=\phi,\phi,\phi^2)$ 的长方体(C 型)。这个新的长方体再加上一个棱长为 $\phi^2,\phi,1$ 的长方体(A 型),就增大为一个棱长为 $\phi+1,\phi+1,\phi(=\phi^2,\phi^2,\phi)$ 的大长方体,因此它(除去公因子)就与棱长为 $\phi,\phi,1$ 的 B 型长方体相似。从本质上讲,我们是借助于一些边长符合黄金分割的长方体将这个长方体分解或拼起来了。

这些长方体的体积也为我们揭示了黄金分割的应用。我们将图

4.71 中各个长方体的体积分别用 V_A、V_B、V_C 和 V_D 表示,整个大长方体的体积用 V 表示。

于是

$V_A = \phi^2 \cdot \phi \cdot 1 = \phi^3$ 或 $V_A = \phi^2 \cdot \phi \cdot 1 = (\phi+1)\phi = \phi^2+\phi = \phi+1+\phi = 2\phi+1$

$V_D = \phi^3 = 2\phi+1$

$V_B = \phi \cdot 1 \cdot \phi = \phi^2 = \phi+1$

$V_C = V_B + V_D = \phi+1+\phi^3 = \phi^4 = 3\phi+2$

整个长方体的体积 $V = V_A + V_C = 5\phi+3 = \phi^5$

这使我们能够建立以下比例$\left(\text{用 } \phi = \dfrac{\sqrt{5}+1}{2} \text{这一数值得到}\right)$:

$$\frac{V_A}{V_B} = \phi, \frac{V_C}{V_A} = \phi, \frac{V_C}{V_B} = \phi^2, \frac{V}{V_A} = \phi^2, \frac{V}{V_B} = \phi^3, \frac{V}{V_C} = \phi$$

如果这还不够,我们还可以观察到,从立方体(D 型)的每个面延伸出来的矩形中,都至少有一个黄金矩形。

黄金多面体

多面体是指由多边形的面组成的立体(或其表面),多面体的棱由两个多边形面相交而成,多面体的顶点由三条或更多条棱相交而成。多面体是根据其面数命名的。只有五个**正多面体**,即具有全等的面、相等的顶角和相等的棱的多面体(见表4.7)。这些多面体通常以著名哲学家柏拉图①的名字命名,称为**柏拉图立体**,柏拉图的著作《蒂迈欧篇》(*Timaeus*)中首次普及了这些立体形,它们在那本书中代表宇宙的元素。

表4.7

正四面体	正六面体 (立方体)	正八面体	正十二面体	正二十面体
4个顶点 6条棱 4个面 (等边三角形)	8个顶点 12条棱 6个面 (正方形)	6个顶点 12条棱 8个面 (等边三角形)	20个顶点 30条棱 12个面 (正五边形)	12个顶点 30条棱 20个面 (等边三角形)

事实上,正多面体的发现很大程度上应该归功于欧几里得,他在《几何原本》(第13卷第13-17节)中描述了仅使用直尺和圆规来作出这五个多面体的方法,然后,至高无上的荣耀是,他证明了正多面体只有这五个。

柏拉图立体有许多有趣的性质,我们将对此进行探究。例如,每一个柏拉图立体都可以内接于一个球,并且在其内部又可以内切一个球。然后是欧拉发现的著名公式,该公式将任何凸多面体的顶点(v)、棱(e)和

---

① 柏拉图(Plato,约前427—约前347),古希腊哲学家,他与他的老师苏格拉底(Socrates,前469—前399)、他的学生亚里士多德(Aristotle,前384—前322)并称希腊三贤。他的主要著作有《理想国》《法律篇》等。他的哲学思想对西方哲学产生了巨大的影响。——译注

面(f)的数量联系了起来:$v+f=e+2$。[①] 奇怪的是,八面体是唯一可以被着色为国际象棋棋盘的柏拉图立体——任何一条公共边两侧的颜色都不同。

不过,因为本书的主题是黄金分割,我们对柏拉图立体形的兴趣在于其中能展示出黄金分割的那几个。因此,我们将集中讨论其中三个:正八面体、正十二面体和正二十面体。图 4.72、图 4.73 和图 4.74 从不同的角度分别显示了这几个立体。

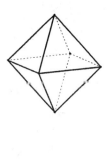
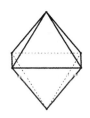
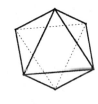

图 4.72　正八面体

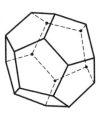
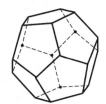

图 4.73　正十二面体

图 4.74　正二十面体

[①] 　该公式的证明可参见 H. S. M. Coxeter, *Introduction to Geometry*, 2nd ed. (New York: Wiley, 1989)。——原注

我们现在来考虑正二十面体的一个相当令人惊讶的特征：它的十二个顶点可以连接成三个全等的黄金矩形，且这些矩形恰好两两彼此垂直（见图 4.75 和图 4.76）。这是帕乔利在他的《神圣的比例》一书中首次发现的。

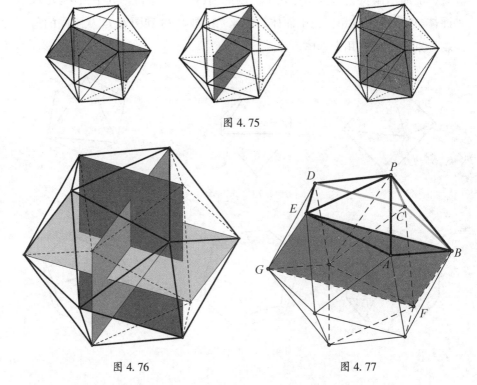

图 4.75

图 4.76   图 4.77

自然与艺术中的美丽结构   黄金分割

图 4.75 分别展示了三个全等且相互垂直的黄金矩形，然后在图 4.76 中，我们将它们一起展示在同一个正二十面体中。要理解这一点，请考虑具有公共顶点 P 的五个等边三角形，如图 4.77 所示。它们构成了一个底面为正五边形 $ABCDE$ 的棱锥。[①]

我们将不加证明地接受 $BEGF$ 是一个矩形，其对边 BF 和 EG 也都是

① Hans Walser, *The Golden Section* (Washington, DC: Mathematical Association of America, 2001). ——原注

此正二十面体的边(见图 4.77)。此矩形的长边(BE)也是五边形 $ABCDE$ 的一条对角线。在我们讨论五边形和五角星时,我们已经得出,正五边形的对角线与边长之比等于黄金分割比,即 $\dfrac{BE}{AE}=\phi$。因此,$\dfrac{BE}{BF}=\dfrac{BE}{AE}=\phi$,这就使 $BEGF$ 成为一个黄金矩形。类似地,图 4.76 中所示的另两个矩形也都是黄金矩形。

为了更清楚地了解这实际上看起来是什么样子,我们可以把三块纸板做成三个全等的黄金矩形。然后在每块纸板的中间开一条平行于长边的狭缝。这条缝应足够长,从而使另一块纸板的宽度可以插入(你可能需要将其中一条缝延伸到矩形的短边上)。然后我们将这些矩形放置成使每个矩形都穿过另一个矩形的狭缝的样子,如图 4.78 所示。仔细地用细线连接这个结构的各顶点,就能够构造出一个正二十面体(见图 4.76)。在一个正二十面体中,可以竖起五个这样的独立结构。

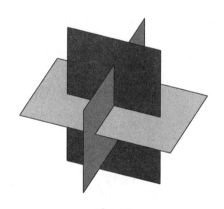

图 4.78

在正二十面体的每个顶点处构成的棱锥都有一个五边形的底,例如图 4.77 中的 $ABCDE$,因此我们会注意到黄金分割与正二十面体之间的密切联系。

在正二十面体的内部有许多正五边形,而每个顶点处都有五个等边三角形相交。这会帮助你找到此图形中其他显示出黄金分割关系的部分。

正八面体有 12 条棱, 正二十面体有 12 个顶点。这样我们就能使正八面体的每条棱包含正二十面体的一个顶点, 从而将正二十面体"封装"在一个正八面体中(见图 4.79)。此外, 正二十面体的顶点将正八面体的棱分成黄金分割。

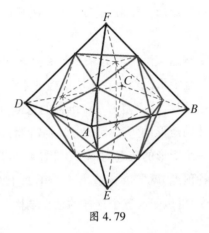

图 4.79

为了证明这种预料之外的关系, 我们必须首先注意到这个正八面体的六个顶点 A、B、C、D、E 和 F 也是三个相互垂直的正方形 $ABCD$、$AECF$ 和 $BEDF$ 的各顶点。此外, 这些正方形的边就是此八面体的棱。如图 4.80 所示。

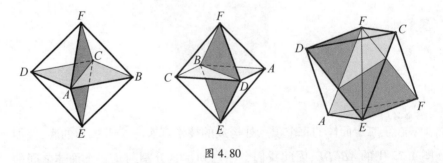

图 4.80

如果我们现在选择正八面体的十二条棱上的点, 使这些点将每条棱分成黄金分割, 如图 4.81 和图 4.82 所示, 我们就确定了正二十面体的各顶点。于是, 这就产生了我们在上面所确定的那些相互垂直的黄金矩形(图 4.76), 并且进一步证明了它们是相互垂直的。

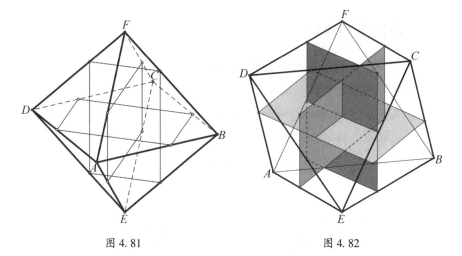

图 4.81 　　　　　　　　　　　　　图 4.82

也许图 4.83 所示的正二十面体中的黄金矩形更加明了，更能看出它们在正二十面体内部的位置。

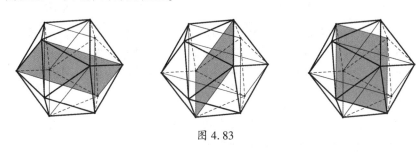

图 4.83

至此，我们已经展示了黄金分割在柏拉图立体中的一些表现方式。

对偶多面体

回想一下我们在表 4.8 中展示的那五个柏拉图立体形,并关注这些立体形之间的相互关系。请注意,正六面体(立方体)的顶点数与正八面体的面数相同,反之亦然。正十二面体和正二十面体之间也具有同样的关系。这些多面体被称为彼此**对偶**。有趣的是,四面体是一个**自对偶多面体**!这种关系导致了一个有趣的几何现象。

表 4.8

正四面体	正六面体 (立方体)	正八面体	正十二面体	正二十面体
4 个顶点 6 条棱 4 个面 (等边三角形)	8 个顶点 12 条棱 6 个面 (正方形)	6 个顶点 12 条棱 8 个面 (等边三角形)	20 个顶点 30 条棱 12 个面 (正五边形)	12 个顶点 30 条棱 20 个面 (等边三角形)

利用每个多边形面的中心,我们可以在几何上证明这些多面体的对偶关系,因为它们可以彼此内接或外接,如图 4.84 中的立方体和正八面体所示。

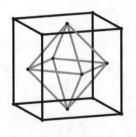

图 4.84

对于正十二面体和正二十面体而言,也可以证明它们有同样的关系(图 4.85)。

自然与艺术中的美丽结构 黄金分割

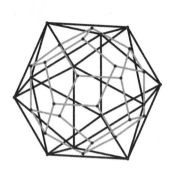

图 4.85

不过,这里出现了很多黄金分割。例如,正十二面体的各五边形面的中心是三个(全等的)相互垂直的黄金矩形(内接于此正十二面体)的顶点,图 4.86 分别展示了这三个矩形,图 4.87 展示了它们组合在一起的样子。

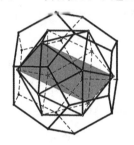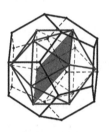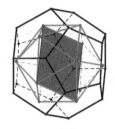

图 4.86

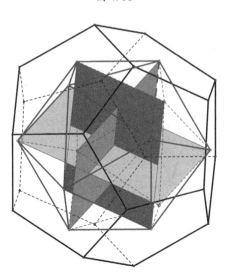

图 4.87

然后我们来看正四面体，它是自对偶的，因此可以像先前一样，只要连接各个面的中心，就可以在一个正四面体中内接（或外接）另一个正四面体（参见图 4.88）。

现在我们再回到正二十面体，并考虑其成对的棱，即三对彼此相对且平行的棱，如图 4.89 所示，它们构成了三个黄金矩形。

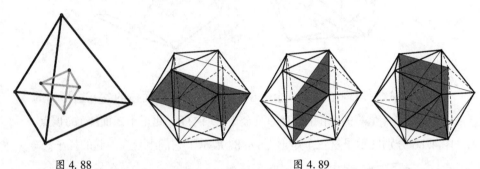

图 4.88　　　　　　　　　　　　　图 4.89

将正十二面体的其余顶点连接起来可以构成一个内接立方体（参见图 4.90）。这个立方体的棱同时也是正五边形面的对角线，而正五边形的对角线与边长之比等于黄金分割比。因此，这个内接立方体的棱长与外接正十二面体的棱长之比也是黄金分割比。在图 4.91 中，$d:a=\phi$。我们可以把这个内接立方体称为**黄金立方体**，其体积为 $V=d^3=\phi^3a^3$。

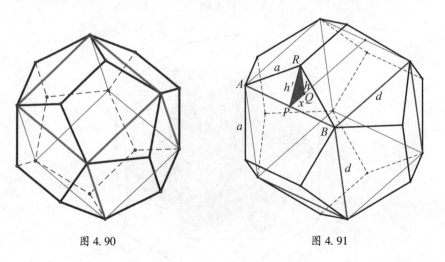

图 4.90　　　　　　　　　　　　　图 4.91

进一步检视正十二面体会发现(图 4.91),这个立方体的每个面都覆盖着一个屋顶状的盖子,如果内接立方体的棱为 $d = 1$,则这个盖子的高为 $h = \dfrac{1}{2\phi}$,长为 $a = \dfrac{1}{\phi}$(附录中对这种与黄金分割的不寻常关系给出了证明)。

如前所述,15 世纪的数学家帕乔利与达·芬奇是朋友,他们经常一起探讨数学话题,他撰写的三卷本《神圣的比例》(写作时间是 1496—1498 年,出版时间是 1509 年)中提到了黄金分割。在一幅现在已经很著名的画作中①,有他和一个十二面体(图 4.92),这幅画展示了欧几里得的一条定理。帕乔利知道黄金分割与十二面体的关系。在这幅画中,你会注意到许多几何物体,也许还能识别出各处的黄金分割。这幅画很可能是小斜方截半立方体的第一次出现,它被一根绳子悬挂着,似乎装着一半的水。有人认为这条水线将一些棱分成黄金分割。猜一猜,这幅图中在其他地方还会出现黄金分割吗?

图 4.92

----

① 创作这幅画的艺术家是帕西奥利的朋友德巴尔巴里(Jacopo de' Barbari,约 1440—1516)。——原注

多面体之间的另一个令人惊讶的关系可以这样展示：将一个立方体的棱分成黄金分割，一个正二十面体内接于该立方体，且其棱长等于该立方体的棱被分割成的较长的那一段。二十条棱中只有六条对称放置在立方体的表面上，如图 4.93 所示。

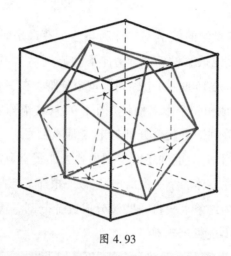

图 4.93

与正五边形一样，整个正十二面体中处处展示出黄金分割。首先，因为正五边形与黄金分割相关性极高，所以具有正五边形面的正十二面体也充满了黄金分割。

下面是涉及正十二面体的一些与黄金分割相关的关系：

令棱长为 a，我们有以下关系。

外接球的半径 R：

$$R = (\sqrt{15} + \sqrt{3}) \frac{a}{4} = \frac{\sqrt{3}}{2} \cdot \phi \cdot a$$

内切球的半径 r：

$$r = \sqrt{250 + 110\sqrt{5}} \, \frac{a}{20} = \frac{\phi^2}{2\sqrt{3-\phi}} \cdot a = \frac{\sqrt{\phi^5}}{2 \cdot \sqrt[4]{5}} \cdot a$$

表面积 S：

$$S = \sqrt{25 + 10\sqrt{5}} \cdot 3a^2 = \frac{15\phi}{\sqrt{3-\phi}} \cdot a^2 = \frac{15\phi^2}{\sqrt{\phi^2+1}} \cdot a^2$$

体积 V：

$$V = (15+7\sqrt{5})\frac{a^3}{4} = \frac{5\phi^3}{2(3-\phi)} \cdot a^3 = \frac{5\phi^5}{2(\phi^2+1)} \cdot a^3$$

由共享一条公共边的两个面构成的角 η 称为**二面角**，它由以下公式给出：

$$\cos\eta = -\frac{\sqrt{5}}{5}, \eta = \arccos\left(-\frac{\sqrt{5}}{5}\right) \approx 116.57°(\approx 116°34')$$

看起来正十二面体在方方面面都涉及黄金分割。黄金分割在这里还有更多的表现。我们将继续探讨其中的一些，也留下一些供读者自行探究。

这次我们要考虑正十二面体的另一个方面。想象有一个正十二面体放置在桌子上（图 4.94），并考虑它的高。我们设这个正十二面体的高为 $h_3 = 1$，并将其底面的高称为 $h_0 = 0$。当我们观察这个立体的侧视图时，看到的两个顶点的高为 h_1 和 h_2。两个平面（顶部和底部的两个正五边形，它们的边长都是 a）之间的距离是这个正十二面体的内切球的直径 s。请回想一下，正五边形面的对角线是 $d = a \cdot \phi$。我们将使用之前的一些计算，我们曾用它们展示正五边形的一些部分与黄金分割有关。为了便于理解，我们以不同的视角在图 4.95 中给出了正十二面体的另一个图示。

正十二面体

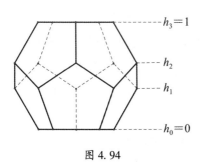

图 4.94

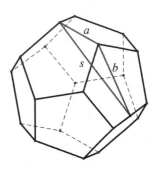

图 4.95

在图 4.96 中，我们画出了其中一个五边形面，在这里我们有以下关系：

$$FG = AF - AG = b - c = \frac{a}{2} \cdot \phi\sqrt{\phi^2+1} - \frac{a}{2} \cdot \frac{\sqrt{\phi^2+1}}{\phi} = \frac{a}{2} \cdot \sqrt{\phi^2+1} = \sqrt{\frac{5+\sqrt{5}}{2}} \cdot \frac{a}{2}$$

（其中 a、b 和 c 表示的意义请参见图 4.52）。

这样我们就可以得到比例

$$FG : AG = \frac{a}{2} \cdot \sqrt{\phi^2+1} : \frac{a}{2} \cdot \frac{\sqrt{\phi^2+1}}{\phi}$$

然后可以将其简化为

$$\frac{FG}{AG} = \frac{\sqrt{\phi^2+1}}{\dfrac{\sqrt{\phi^2+1}}{\phi}} = \phi$$

实际上，我们在这之前已经得到过这一等式了。

正十二面体的侧视图（部分）

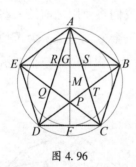

图 4.96

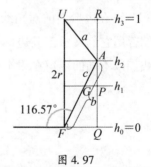

图 4.97

在图 4.97 中，我们看到的是这个正十二面体的侧视图（部分），其中 FQ 与 GP 平行，AQ 垂直于底边 FQ。我们将重点关注图中的 $\triangle AFQ$。

由于正五边形的对称性，其中 $CT = AS$（图 4.96），我们也有 $PQ = AR$（图 4.97）。于是 $AP = 1 - 2PQ$。

于是我们可以得到该正十二面体的高（也就是内切球的直径 s）：

$$1 = h_3 = s = 2r = \sqrt{250 + 110\sqrt{5}} \, \frac{a}{10}$$

因此，$a = \dfrac{\sqrt{2}\sqrt{25-11\sqrt{5}}}{2} \approx 0.449\ 027\ 976\ 5$。

由于在 $\triangle AFQ$ 中有 $GP /\!/ FQ$，我们可以作出以下断言：

$$\frac{PQ}{FG} = \frac{AP}{AG} = \frac{1-2PQ}{AG}$$

由此可得

$$PQ = \frac{FG}{AG}(1-2PQ)$$

由

$$\frac{FG}{AG} = \phi，我们得到\ PQ = \phi(1-2PQ) = \phi - 2\phi PQ$$

于是

$$PQ = \frac{\phi}{1+2\phi} = \frac{\phi}{1+\phi+\phi} = \frac{\phi}{\phi^2+\phi} = \frac{\phi}{\phi(\phi+1)} = \frac{1}{\phi+1} = \frac{1}{\phi^2}$$

由正十二面体的对称性，可以得出 $PQ=AR$。于是我们就有了表示式

$AQ = 1-AR = 1-PQ = 1-\dfrac{1}{\phi^2} = \dfrac{1}{\phi}$。

我们的猜想又一次得到了证明，正十二面体各个点的高是用黄金分割来度量的——在我们研究正十二面体时，这一度量似乎并没有逃过我们的眼睛。

我们还可以进一步注意到，从正十二面体各条棱的中点到正十二面体中心的距离与正五边形面的对角线长度的一半的比例为 $\phi:1$。

这恰好也是正十二面体的内切球半径与一个正五边形面的内切圆半径之比。

黄金棱锥

我们现在用一个正五边形来作为一个棱锥的底面,而该棱锥的侧面由五个全等的黄金三角形组成(图4.98)。

这个正棱锥可以被认为是一个**黄金棱锥**,因为可以预料到,构造它的各部分都充满了这个现在已经很著名的比例,它处处都表现出黄金分割。我们还可以通过另一种方式构造出这个棱锥:取一个正五边形,并延长其各边构成一个五角星,如图4.99所示。然后将这个五角星的各三角形部分竖立并粘合起来,就会得到与上面一样的一个黄金棱锥。

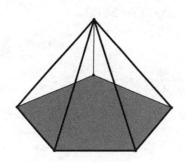

图4.98

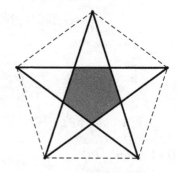

图4.99

正如你所料,在整个黄金棱锥的各处都能找到黄金分割。在寻找黄金分割时,我们不必再计算其侧面或底面相关的尺寸,因为前面都已经考虑过了,但审视这个棱锥的高 CM 会很有意思(图4.100)。

我们知道 $AC = \phi AB$,或者用它们的长度来表示,即 $b = \phi a$。对 Rt$\triangle ACD$ 应用毕达哥拉斯定理,就得到

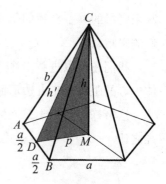

图4.100

$$h' = CD = \sqrt{AC^2 - AD^2} = \sqrt{b^2 - \frac{a^2}{4}}$$

又由于 $b = \phi a$,而 $\phi = \dfrac{\sqrt{5}+1}{2}$,于是我们得到

$$CD=\sqrt{a^2\phi^2-\frac{a^2}{4}}=\sqrt{4\phi^2-1}\cdot\frac{a}{2}=\phi\sqrt{\phi^2+1}\cdot\frac{a}{2}=\sqrt{5+2\sqrt{5}}\cdot\frac{a}{2}$$

此正五边形的内切圆半径为

$$\rho=DM=\frac{\phi^2}{\sqrt{\phi^2+1}}\cdot\frac{a}{2}=\sqrt{\frac{5+2\sqrt{5}}{20}}\cdot a=\sqrt{\frac{5+2\sqrt{5}}{5}}\cdot\frac{a}{2}$$

然后,对 Rt$\triangle CDM$ 应用毕达哥拉斯定理,就能得到这个黄金棱锥的高:

$$h=CM=\sqrt{CD^2-DM^2}=\sqrt{h'^2-\rho^2}=\sqrt{\frac{a^2(4\phi^2-1)}{4}-\frac{a^2\phi^4}{4(\phi^2+1)}}$$

$$=\frac{\phi^2}{\sqrt{\phi^2+1}}\cdot a=\sqrt{\frac{5+2\sqrt{5}}{5}}\cdot a$$

比例

$$\frac{CM}{DM}=\frac{h}{\rho}=\frac{\dfrac{\phi^2}{\sqrt{\phi^2+1}}\cdot a}{\dfrac{\phi^2}{2\sqrt{\phi^2+1}}\cdot a}=2$$

这告诉我们,黄金棱锥的高是其正五边形底面的内切圆半径的 2 倍。

要计算黄金棱锥的表面积,就需要先得到其正五边形底面的面积:

$$S_{五边形底面}=\frac{5\phi^2}{4\sqrt{\phi^2+1}}\cdot a^2=\frac{\sqrt{25+10\sqrt{5}}}{4}\cdot a^2$$

然后是那五个黄金三角形的面积

$$\frac{\phi\sqrt{\phi^2+1}}{4}\cdot 5a^2=\frac{\sqrt{5+2\sqrt{5}}}{4}\cdot 5a^2$$

因此,黄金棱锥的表面积就是这些面积的总和:

$$\frac{5a^2\phi(\phi^2+\phi+1)}{4\sqrt{\phi^2+1}}=\frac{5a^2\phi(\phi^2+\phi^2)}{4\sqrt{\phi^2+1}}=\frac{5a^2\cdot 2\phi^3}{4\sqrt{\phi^2+1}}=\frac{5a^2\phi^3}{2\sqrt{\phi^2+1}}$$

$$=\sqrt{\frac{125+55\sqrt{5}}{8}}\cdot a^2=\sqrt{\frac{125+55\sqrt{5}}{2}}\cdot\frac{a^2}{2}$$

要完成对黄金棱锥尺寸的计算,我们还需要计算其体积。①

黄金棱锥的体积为

$$\frac{1}{3} \cdot S_{\text{正五边形底面}} \cdot h = \frac{1}{3} \cdot \frac{5\phi^2}{4\sqrt{\phi^2+1}} \cdot a^2 \cdot \frac{\phi^2}{\sqrt{\phi^2+1}} \cdot a$$

$$= \frac{5\phi^4}{12(\phi^2+1)} \cdot a^3 = \frac{\phi^2(\phi^2+1)}{12} \cdot a^3 = \frac{5+2\sqrt{5}}{12} \cdot a^3$$

不出所料,所有尺寸和度量都包含着黄金分割比!

如果我们取十二个全等的黄金棱锥,将它们放在一个正十二面体的各个面上,这些面都与这些黄金棱锥的底面全等,我们就会得到一个**小星形十二面体**(图 4.101)。我们延长一个正十二面体的所有棱,直至它们与其他延长的棱相遇,也可以获得这个吸引人的图形。正十二面体有 20 个顶点、30 条棱和 12 个面。

图 4.101

小星形十二面体最早可能是在 1430 年出现的,在由乌切罗(Paolo Uccello)在意大利威尼斯圣马可大教堂的地板上制作的镶嵌画之中。开普勒再次发现了这个多面体,他在 1619 年的著作《世界的和谐》(*Harmonice Mundi*)一书中使用了"海胆"一词,法国数学家波因索(Louis

---

① 正棱锥的体积等于它的底面积与高的乘积的三分之一。——原注

Poinsot，1777—1859）于 1809 年再次"重新发现"了这个多面体。这个立体形有 60 个面、32 个顶点和 90 条边。著名的五种柏拉图立体都是凸多面体，除此之外，还有四种对称立体，但它们都不是凸多面体。这些多面体都以发现者的名字命名：**开普勒-波因索多面体**。

美国的"黄金州"

附带说一件有趣的事情,尽管也许是因为始于 1848 年 1 月 24 日的著名淘金热,我们都把美国人口最多,同时也是于 1850 年 9 月 9 日第三十一个加入联邦的加利福尼亚州称为**黄金州**(图 4.102),但泽格(Monte Zerger)教授指出,将伊利诺伊州定为"黄金州"可能更有理由。[①] 他的根据如下。伊利诺伊州南部的电话区号是 618。请回忆一下,$\dfrac{1}{\phi}=0.618\cdots$。此外,$309=\dfrac{618}{2}$ 这个区号也在伊利诺伊州。还有邮政编码 618 也在伊利诺伊州。接下来是他的主张在几何上或地理上的依据。如果我们用水平和竖直的黄金分割法分割毗连的美国四十八个州的地图,就会发现这两条直线的交点位于伊利诺伊州的迪凯特(Decatur)附近。当然,如果我们在地图的另外各侧绘制水平线和竖直线,就可以很容易地将黄金分割点置于科罗拉多州、密西西比州或德克萨斯州中。不过,区号和邮政编码把我们引向伊利诺伊州。

图 4.102

---

① Monte Zerger, "The Golden State—Illinois," *Journal of Recreational Mathematics* 24, no. 1 (1992): 24-26. ——原注

因此，正如你所看到的，当我们对一些历史悠久的术语提出质疑时，也可以在其中找到黄金分割的证据。尽管所有这些证据以及人们可以编造出的许多其他联系都表明伊利诺伊州的各个方面都嵌入了斐波那契数，但黄金州仍然是加利福尼亚州。毕竟，我们不能真的去改变金州勇士（Golden State Warriors）篮球队的名字，也不能把他们搬到伊利诺伊州的芝加哥，那是芝加哥公牛（Chicago Bulls）篮球队的主场。

第5章　黄金分割的意外出现

到目前为止,我们已经从几何、代数和数值方面研究了黄金分割。现在,我们将开始一场不寻常的冒险——探索黄金分割以许多奇妙的方式出现在你最意想不到的地方。正如 π 的值虽然源自它与圆的关系,却可以在许多其他地方找到一样,黄金分割也可以在许多有趣和意想不到的地方找到。黄金分割的各种表现千差万别,希望我们对这种种方面的介绍,能为这个千年来无处不在且给我们带来的无尽魅力的数增光添彩。我们将这些都视为数学上的奇趣,并据此命名它们。

奇趣 1

在等边三角形 ABC 中,长为 s 的每一边都(以相同的方向)分为符合黄金分割的 a 和 b 两段(图 5.1)。其结果是作出了一个边长为 c 的内接等边三角形 DEF。虽然这个图形是根据黄金分割作出来的,但令人惊讶的是,黄金分割在这个图形的其他许多方面都显现出来。

以下是 ϕ 在图 5.1 中出现的几个方面:

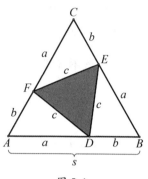

图 5.1

1. $c = \dfrac{s}{\phi}\sqrt{1+\dfrac{1}{\phi^2}-\dfrac{1}{\phi}}$

2. $S_{\triangle DEF} = \dfrac{\sqrt{3}\,(\phi^2-\phi+1)}{4\phi^4}\cdot s^2$

3. 两个等边三角形的面积之比为

$$\frac{S_{\triangle ABC}}{S_{\triangle DEF}} = \frac{\phi^2}{1+\dfrac{1}{\phi^2}-\dfrac{1}{\phi}}$$

4. $\triangle ADF$、$\triangle BDE$ 和 $\triangle CEF$ 这三个全等三角形的面积为

$$S_{\triangle ADF} = s^2\frac{\sqrt{3}}{4\phi^3}$$

5. 原来的等边三角形的面积与三个全等三角形之一的面积之比为

$$\frac{S_{\triangle ABC}}{S_{\triangle ADF}} = \frac{2}{\phi}+3$$

6. 较小的等边三角形的面积与三个全等三角形之一的面积之比为

$$\frac{S_{\triangle DEF}}{S_{\triangle ADF}} = \frac{2}{\phi}$$

(这些关系的证明并不复杂,但为了不打断我们一个接一个地叙述这些奇趣,你能在附录中找到它们的证明。)

奇趣 2

我们从 $\triangle ABC$(图 5.2)开始,其各边 $BC=1$,$AC=x$,$AB=x^2$。若 $x<1$,则 BC 是其最长边,AB 是其最短边。利用三角形不等式①,我们得到 $x^2+x>1$。将该不等式的两边都加上 $\dfrac{1}{4}$,得到:

$$x^2+x+\frac{1}{4}>\frac{5}{4},\ \text{即}\ \left(x+\frac{1}{2}\right)^2>\frac{5}{4}$$

由于 x 必须为正数,我们得到

$$x+\frac{1}{2}>\frac{\sqrt{5}}{2},\ \text{即}\ x>\frac{\sqrt{5}-1}{2}=\frac{1}{\phi}$$

也就是说,边长 x 必须满足 $\dfrac{1}{\phi}<x<1$。黄金分割比在这里起到了限制长度的作用。

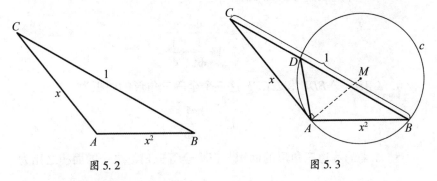

图 5.2　　　　　　　　　　　图 5.3

我们现在考虑通过点 B 的圆 c,它与 AC 相切于点 A,与 BC 相交与点 D(见图 5.3)。

由于 $\angle ABC=\dfrac{1}{2}\angle AMD=90°-\angle DAM=\angle DAC$,且 $\angle ACB=\angle ACD$,我们有 $\triangle ABC \backsim \triangle DAC$。

根据这一相似关系,可以得出

① **三角形不等式**指的是,三角形的任意两边之和必定大于第三边。——原注

$\dfrac{AD}{AB}=\dfrac{AC}{BC}$，即$\dfrac{AD}{x^2}=\dfrac{x}{1}$，由此可得 $AD=x^3$，以及

$\dfrac{CD}{AC}=\dfrac{AC}{BC}$，即$\dfrac{CD}{x}=\dfrac{x}{1}$，由此可得 $CD=x^2$

由此，我们可以构造出一组三角形，它们的边长为 x^n，x^{n+1}，x^{n+2}，其中 $n=0$，1，2，3，…。一个相当优美的模式！

奇趣3

这里我们将构建一种情况，其中黄金分割会不断重现。在图5.4中，点 S 将线段 AB 分成黄金分割。由此，我们可以生成更多的黄金分割，你会在下列步骤中看到这一过程。

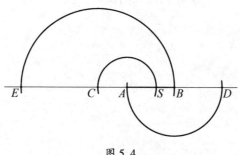

图 5.4

1. 以 A 为圆心、AS 为半径的圆与直线 AB 相交于第二个点 C。于是我们得到 $\dfrac{AB}{AC}=\phi$ 和 $\dfrac{BC}{AB}=\phi$。

2. 以 B 为圆心、AB 为半径的圆与直线 AB 相交于第三个点 D。于是我们得到 $\dfrac{BC}{BD}=\phi$ 和 $\dfrac{CD}{BC}=\phi$。

那么，你猜下面两个比例是什么？$\dfrac{CD}{CE}$ 和 $\dfrac{DE}{CD}$。对了，它们都等于黄金分割比！

我们可以对这些黄金分割比的出现给出如下证明：

由 $\dfrac{AS}{BS}=\dfrac{AB}{AS}=\phi$ 和 $AC=AS$，可得 $\dfrac{AB}{AC}=\dfrac{AB}{AS}=\phi$，以及 $\dfrac{BC}{AB}=\dfrac{AC+AB}{AB}=\dfrac{AC}{AB}+1=\dfrac{1}{\phi}+1=\phi$。

类似地，我们可以证明其余的比例都等于 $\dfrac{BC}{AB}=\cdots=\phi$。不妨继续这一过程，看看会演化出什么模式。

自然与艺术中的美丽结构　黄金分割

奇趣4

参考图 5.5[①]，我们从线段 AB 开始，在点 B 作 AB 的垂线 BC，其长度为 AB 的一半。因此，如果我们设 $AB=1$，那么 $BC=\dfrac{1}{2}$。我们以 A 为圆心、$AC=r_1$ 为半径作圆 c_1，与直线 AB 相交于点 D。在点 D 作另一条垂线 DE，其长度与 BC 相同。因此，$DE=\dfrac{1}{2}$。最后，我们以 D 为圆心、$DE=\dfrac{1}{2}$ 为半径作圆 c_2，它与 AB 相交于点 P 和 Q。完全出乎意料的是，点 P 和 Q 帮我们在线段 AB 和 AQ 中找到黄金分割。

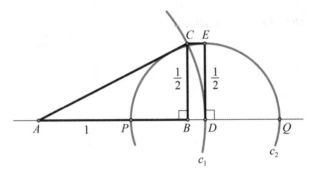

图 5.5

为了弄清楚为什么会这样，也就是说，为了证明这一奇异之处，我们首先对 $\triangle ABC$ 应用毕达哥拉斯定理，求出 $r_1=AC=\dfrac{\sqrt{5}}{2}$，这告诉我们圆 c_1 的另一条半径 $AD=\dfrac{\sqrt{5}}{2}$。

由于 $AP=AD-DP=AC-DE=\dfrac{\sqrt{5}}{2}-\dfrac{1}{2}=\dfrac{\sqrt{5}-1}{2}=\dfrac{1}{\phi}$，而 $BP=DP-BD=DE$

---

① 这幅图的创作者是当代艺术家尼迈耶，他的大部分作品都专注于黄金分割。——原注

$$-(AD-AB) = \frac{1}{2} - \left(\frac{\sqrt{5}}{2} - 1\right) = \frac{3-\sqrt{5}}{2} = \frac{1}{\phi^2}$$，我们得到

$$\frac{AP}{BP} = \frac{\dfrac{1}{\phi}}{\dfrac{1}{\phi^2}} = \phi$$

另一方面，

$$\frac{AQ}{AB} = \frac{AD+DQ}{AB} = \frac{\sqrt{5}+1}{2} = \phi$$

此外还有

$$\frac{AB}{BQ} = \frac{AB}{BD+DQ} = \frac{AB}{(AD-AB)+DQ} = \frac{1}{\dfrac{\sqrt{5}}{2}-1+\dfrac{1}{2}} = \frac{1}{\dfrac{1}{\phi}} = \phi$$

像这样意外出现的黄金分割，使它如此有趣。有时，当你并没有预料到黄金分割会出现时，它就出现了。

奇趣 5

从前面对多边形中的黄金分割的探索中,我们发现它在正五边形中特别普遍,因此在五角星中也非常普遍。现在,我们研究黄金分割在正六角星中的出现就很合适了。六角星的每个"角"都是一个等边三角形,中心是一个正六边形。我们首先在图 5.6 所示的正六角星中寻找黄金分割。我们以 D 为圆心、DC 为半径作一个圆,它与线段 AB 的延长线相交于点 S。除了黄金分割的其他表现以外,奇怪的是,我们发现点 B 将线段 AS 分成黄金分割。让我们看看为什么确实如此。

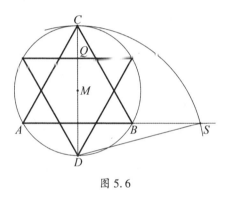

图 5.6

在图 5.7 中,我们设 $AB = a$,根据对称性,$AP = PB = \dfrac{a}{2}$。我们还有

$$AG = GH = BH = \dfrac{a}{3},\text{以及 } GP = PH = \dfrac{a}{6}。$$

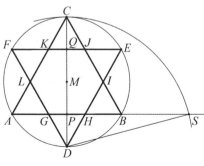

图 5.7

对 $\triangle BCP$ 应用毕达哥拉斯定理,我们得到 $CP = DQ = \dfrac{\sqrt{3}\,a}{2}$。

对 $\triangle DHP$ 应用毕达哥拉斯定理,我们得到 $DP = CQ = \dfrac{\sqrt{3}\,a}{6}$。

于是有 $CD = CP + CQ = \dfrac{\sqrt{3}\,a}{2} + \dfrac{\sqrt{3}\,a}{6} = \dfrac{2\sqrt{3}\,a}{3}$。

以 D 为圆心、CD(这也是此六角星外接圆的直径)为半径所作的圆与线段 AB 的延长线相交于点 S。我们用点 S 确定 $\triangle DPS$。我们再次应用毕达哥拉斯定理,这次是对 $\triangle DPS$,得到

$$PS^2 = DS^2 - DP^2 = CD^2 - DP^2 = \left(\frac{2\sqrt{3}\,a}{3}\right)^2 - \left(\frac{\sqrt{3}\,a}{6}\right)^2 = \frac{5a^2}{4}$$

由此可得 $PS = \dfrac{\sqrt{5}\,a}{2}$。现在我们已经得到了一个含有 $\sqrt{5}$ 的表达式,我们开始预期黄金分割比很快就会出现了。

要确定黄金分割比,我们首先得出

$$BS = PS - BP = \frac{\sqrt{5}\,a}{2} - \frac{a}{2} = \frac{(\sqrt{5}-1)\,a}{2}$$

我们现在来检查关键比例

$$\frac{AB}{BS} = \frac{a}{\dfrac{(\sqrt{5}-1)\,a}{2}} = \frac{2}{\sqrt{5}-1} = \frac{\sqrt{5}+1}{2} = \phi$$

和

$$\frac{AS}{AB} = \frac{AP+PS}{AB} = \frac{\dfrac{a}{2} + \dfrac{\sqrt{5}\,a}{2}}{a} = \frac{\sqrt{5}+1}{2} = \phi$$

于是,我们再次发现了黄金分割比。这一次它隐藏在六角星中——一个并不是很有名的地方!

奇趣6

图 5.8 和图 5.9 中的花卉设计看起来相当吸引人。这种设计在许多地方都可以看到——玩具、拼图等。除了视觉美之外,由于其对黄金分割的依赖,还有另一种微妙的美。

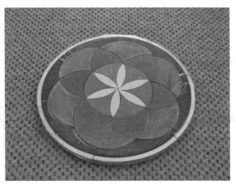

图 5.8   图 5.9

在图 5.10 中,我们可以看到其构造的基础:这是一组圆,其中每个圆都以给定圆上六个等距点之一为其圆心。

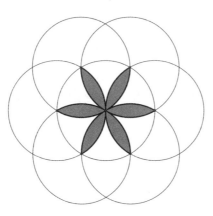

图 5.10

在图 5.11 中,我们有 $AM = BM = CM = DM = EM = FM = r$,以及 $AB = BC = CD = DE = EF = AF = r$(因为 $ABCDEF$ 是正六边形)。于是我们就有黄金

分割比,因为 $\dfrac{MS}{DS}=\dfrac{DM}{MS}=\phi$,让我们看看为什么确实如此。

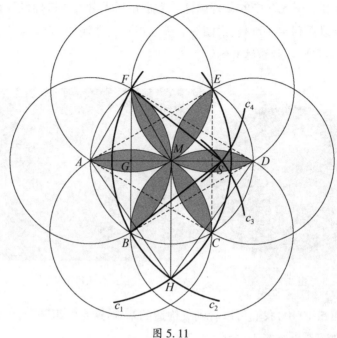

图 5.11

根据我们对奇趣 5 的探究,我们发现在图 5.11 中,$\triangle AFM$ 是一个等边三角形,AM 是 BF 的垂直平分线。于是我们得到 $AG=GM=\dfrac{r}{2}$,而 $GF=\dfrac{\sqrt{3}r}{2}$,其中 r 是这些全等圆的半径。此外,$BF=BG+GF=2GF=\sqrt{3}r$。

圆 c_1 的圆心为 A,半径为 $r_1=\sqrt{3}r$,圆 c_2 的圆心为 D,半径为 $r_2=r_1=\sqrt{3}r$。

圆 c_1 和 c_2 相交于点 H(另一个交点没有在图中标示出来),而 $AH=DH(=BF)=\sqrt{3}r$,$HM=\sqrt{2}r$。

圆 c_3 的圆心为 B,半径为 $r_3=HM=\sqrt{2}r$。圆 c_4 的圆心为 F,此圆与 AD 相交于 S。

我们现在有了足够的结果来展示黄金分割比了。首先对 $\triangle BGS$ 应用

毕达哥拉斯定理,得到 $GS^2 = BS^2 - BG^2 = (\sqrt{2}r)^2 - (\frac{\sqrt{3}}{2}r)^2 = \frac{5}{4}r^2$。

因此,$GS = \frac{\sqrt{5}}{2}r$。于是 $MS = GS - GM = \frac{\sqrt{5}}{2}r - \frac{r}{2} = \frac{\sqrt{5}-1}{2}r$。

有了这些(用 r 表示的)值,我们能得到所需的比例:

$$\frac{MS}{DS} = \frac{MS}{DM-MS} = \frac{\frac{\sqrt{5}-1}{2}r}{r - \frac{\sqrt{5}-1}{2}r} = \frac{\sqrt{5}-1}{3-\sqrt{5}} = \frac{\sqrt{5}+1}{2} = \phi$$

和

$$\frac{DM}{MS} = \frac{r}{\frac{\sqrt{5}-1}{2}r} = \frac{2}{\sqrt{5}-1} = \frac{\sqrt{5}+1}{2} = \phi$$

这样就证明了我们之前所说的,在这种美丽的设计中隐藏着黄金分割比(图 5.8 和 5.9)。

奇趣 7

一种类似的设计也可以产生类似于奇趣 6 的情况，只不过它是基于正五边形而不是之前使用的正六边形。在这里，黄金分割似乎也隐藏在设计中。当我们检视图 5.12 中的设计时，我们看到有五个全等圆，它们以正五边形的五个顶点为圆心，并且每个圆都经过此五边形的中心。因此，这个设计与前一个相似。

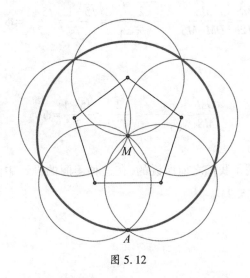

图 5.12

方便起见，我们设这些圆的半径长度 $r=1$。在图 5.13 中，我们把图 5.12 中的一个细节放大，并将这里的两个相交圆的圆心称为 M_1 和 M_2。它们相交于点 A 和点 M。我们现在要求出 AM 的长度。

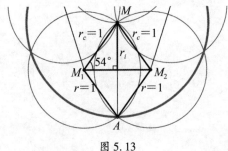

图 5.13

在第 4 章中，我们探究过正五边形与黄金分割之间的关系。在图 5.13 中，我们展示了图 5.12 的一部分特写，这样我们就可以聚焦于四边形 MM_1AM_2。这是一个菱形，因为 $MM_1 = AM_1 = AM_2 = MM_2 = r = 1$。这就告诉我们，该五边形的外接圆半径 $r_c = MM_1 = MM_2 = 1$。该正五边形的内切圆（与五边形的边 M_1M_2 相切于其中点 P）半径为 $MP = r_i$。这些与五边形相关的圆都可以在图 5.14 中看到。

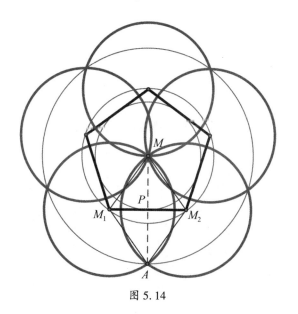

图 5.14

再看一下图 5.13，并回顾我们在第 4 章中的发现，我们可以确定 $\angle MM_1P = 54°$，$\angle M_1MP = 36°$，从而更好地研究 $\mathrm{Rt}\triangle MM_1P$。

于是我们看到

$$\sin \angle MM_1P = \frac{MP}{MM_1} = \frac{r_i}{r_c} = \frac{r_i}{1}$$

而

$$\sin 54° = \frac{\sqrt{5}+1}{4} = \frac{1}{2} \times \frac{\sqrt{5}+1}{2} = \frac{\phi}{2}（参见第 4 章）$$

因此我们最终可以确定，$r_i = \dfrac{\phi}{2}$。

因为菱形中的对角线是彼此的垂直平分线，所以 $AM = 2 \cdot MP = 2r_i = 2 \cdot \dfrac{\phi}{2} = \phi$。因此，我们得出这种花卉设计中的一个花瓣的长度等于黄金分割比的大小。

奇趣 8

在这里,我们又一次遇到了预料之外的黄金分割。在图 5.15 中,我们有两个圆 c_1 和 c_2,它们相切于点 B,它们的圆心分别为 M_1 和 M_2,半径 $r_1=AM_1=BM_1$,$r_2=BM_2=CM_2$。如果在作较小圆 c_2 时,使得点 C 是阴影区域的重心(我们称此阴影区域为**新月形**),则从较大圆 c_1 上的点 B 出发的任何弦都会被较小圆 c_2 分成黄金分割。这意味着点 C 将 AB 分成黄金分割。同样,对于在较大圆上从点 B 出发的其他弦也是如此,例如对于 DB(如图 5.16 所示),较小圆与 DB 的交点 E 也会确定该线段 DB 的黄金分割。

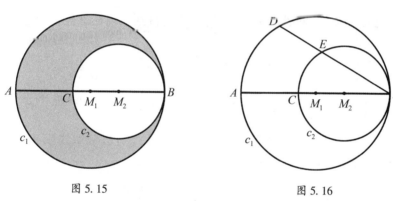

图 5.15   图 5.16

我们使用图 5.16,其中在作出圆 c_2 时已使得点 C 为新月形的重心。

我们想在这里建立的奇趣是,如此构造的圆 c_1、c_2 的半径之比 $\dfrac{r_1}{r_2}=\phi$。这使我们能够进一步表明,也许更令人惊讶的是,点 E(圆 c_2 与 BD 的交点)将弦 BD 分成黄金分割。

为了证明这一奇趣,我们首先确定图 5.16 中所示的三个图形(两个圆和新月形)的面积:

$$S_{\odot c_1}=\pi r_1{}^2,\ S_{\odot c_2}=\pi r_2{}^2,\text{新月形的面积}=\pi(r_1{}^2-r_2{}^2)$$

我们还需要用各半径来表示各线段的长度,所以我们有 $CM_1=BC-BM_1=2r_2-r_1$ 和 $M_1M_2=BM_1-BM_2=r_1-r_2$。

我们现在考虑若以 M_1 为支点而达到整个图形的平衡。我们知道 C 是新月形的重心，M_2 是圆 c_2 的重心，并且它们会与重量成比例地达到平衡，因此我们得到以下结果：

$$CM_1 \cdot \text{新月形的面积} = M_1 M_2 \cdot S_{\odot c_2},$$

即 $(2r_2 - r_1) \cdot \text{新月形的面积} = (r_1 - r_2) \cdot S_{\odot c_2}$。

因此，$(2r_2 - r_1)\pi(r_1{}^2 - r_2{}^2) = (r_1 - r_2)\pi r_2{}^2$。

将此等式的两边除以 π，得到

$$(2r_2 - r_1)(r_1 + r_2)(r_1 - r_2) = (r_1 - r_2)r_2{}^2$$

然后将此等式两边除以 $r_1 - r_2$，得到

$$(2r_2 - r_1)(r_1 + r_2) = r_2{}^2, \quad \text{即} \quad r_2{}^2 + r_1 r_2 - r_1{}^2 = 0$$

现在除以 $r_1{}^2$，同时用 x 代替 $\dfrac{r_2}{r_1}$，我们就得到了现在已经很熟悉的黄金分割方程：$x^2 + x - 1 = 0$，其（正）根是 $\dfrac{1}{\phi}$。

因此 $x = \dfrac{r_2}{r_1} = \dfrac{1}{\phi}$，这就是我们想要证明的关系之一。

不仅这两个半径符合黄金分割，而且现在还可以证明线段 AB 也被点 C 分成黄金分割。这可以证明如下：

$$\frac{BC}{AC} = \frac{BC}{AB - BC} = \frac{2r_2}{2r_1 - 2r_2} = \frac{r_2}{r_1 - r_2} = \frac{r_2}{\phi r_2 - r_2}$$

$$= \frac{r_2}{r_2(\phi - 1)} = \frac{1}{\phi - 1} = \frac{1}{\dfrac{\sqrt{5}+1}{2} - \dfrac{2}{2}} = \frac{2}{\sqrt{5} - 1} = \frac{\sqrt{5}+1}{2} = \phi$$

为了完成我们一开始的那个断言，即较小圆将较大圆的**任何**从公切点画出的弦分成黄金分割，我们将考虑较大圆 c_1 的一条随机选择的弦 DB，看看它是否会被较小圆 c_2 分成黄金分割。在图 5.17 中，E 是圆 c_2 与弦 DB 的交点。由于 D 和 E 处的角都内接于一个半圆，所以它们是直角。因此，$\triangle ABD$ 和 $\triangle CBE$ 这两个直角三角形相似，$AD /\!/ CE$。因此，

$$\frac{BE}{DE} = \frac{BC}{AC} = \phi 。$$

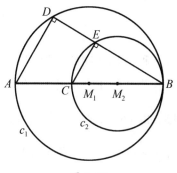

图 5.17

我们稍稍回顾一下这一奇趣,就会注意到在最意想不到的时候它又一次出现了,这是多么令人惊讶!

奇趣 9

我们现在开始研究一种截然不同的构形，并去寻找隐藏在其中的黄金分割。我们从一个边长为 2 的正方形开始，沿着两条对边分别作两个半径均为 $\frac{1}{2}$ 的全等半圆，如图 5.18 所示。我们将证明，令人惊讶的是，与这四个半圆都相切的那个圆的半径等于黄金分割比的倒数。

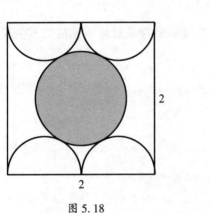

图 5.18

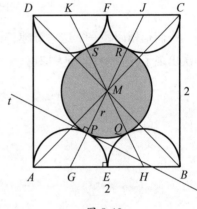

图 5.19

在图 5.19 中，我们重新给出上述构形，其中 $AB=BC=CD=AD=2$，但这次加上了一些辅助线。显然，对 AG、EG、GP 这三条半圆半径，有 $AG=EG=GP=\frac{1}{2}$。

Rt$\triangle EGM$ 中，$EM=1$，$EG=\frac{1}{2}$，$GM=GP+MP=\frac{1}{2}+r$，对其应用毕达哥拉斯定理，得到

$$\left(\frac{1}{2}+r\right)^2 = 1^2 + \left(\frac{1}{2}\right)^2$$

将其展开为 $\frac{1}{4}+r+r^2=1+\frac{1}{4}$，进而得到 $r^2+r-1=0$。再一次，我们发现我们得到了会产生黄金分割 $r=\frac{1}{\phi}$ 的那个方程（到目前为止，我们习惯于

忽略另一个根 $r=-\phi$，因为它是负的）。因此，中间那个圆的半径是

$$r=\frac{1}{\phi}=\frac{\sqrt{5}-1}{2}$$

黄金分割又一次出乎意料地出现了，这就是奇趣之处。

奇趣 10

在这一奇趣中，我们实际上是从一个已作出的黄金分割开始，并让它"自动地"帮助我们在其他线段上作出黄金分割。我们的这种作出黄金分割的方法的"工具"是**鞋匠刀形**。[①] 这是一个通过作三个半圆获得的图形，其中两个半圆的直径与第三个半圆的直径重合。两个较小的半圆可以是任何大小，只要它们的直径之和等于第三个半圆的整条直径即可。因此，如图 5.20 所示，$AS+SB=AB$。阿基米德知道这个图形，并对其进行了大量的研究。鞋匠刀形这个名字来源于希腊语，意思就是**鞋匠的刀**，因为它很像古代鞋匠使用的一种工具。

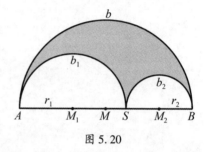

图 5.20

我们要讨论的鞋匠刀形与其他所有鞋匠刀形的区别在于，在我们作出的图中增加了一条额外的规定：两个较小半圆的直径之比等于黄金分割比，即 $\dfrac{AS}{SB}=\phi$（见图 5.20）。

在图 5.21 中，我们有 $r_1=AM_1=SM_1$，$r_2=BM_2=SM_2$。大半圆的半径 r 是 $r=r_1+r_2=AM=BM$。这个具有特殊黄金分割比的鞋匠刀形的有用之处在于，对于大半圆上的任何点 C，由它向其直径两端所作的两根弦都与黄金分割相关。因此，我们不妨将这种鞋匠刀形称为**黄金鞋匠刀形**。

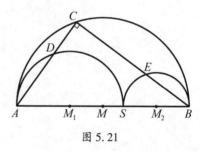

图 5.21

———————

① 关于鞋匠刀形的进一步探究，请参见《圆周率：持续数千年的数学探索》，阿尔弗雷德·S. 波萨门蒂、英格玛·莱曼著，涂泓、冯承天译，上海科技教育出版社，2024。——原注

用符号形式来表示图 5.21 中的情况:我们首先有 $\frac{AB}{AS}=\frac{AS}{BS}=\phi$,然后我们还有 $\frac{AC}{AD}=\frac{AD}{CD}=\phi$ 和 $\frac{BC}{CE}=\frac{CE}{BE}=\phi$。因此,我们制造了一种对给定线段确定其黄金分割的工具:在图 5.21 中,被这样分割的两条线段是 AC 和 BC。

我们还发现,半圆弧 b、b_1、b_2(图 5.20)的长度之比为 $\phi:1:\frac{1}{\phi}$,而这些半圆的面积之比为 $\phi^2:1:\frac{1}{\phi^2}$。这在直觉上并不明显,尽管这种特殊的鞋匠刀形具有黄金分割。

检验鞋匠刀形的周长和面积与其直径(AB)的关系也很有意思。现在让我们开始来对这种特殊的鞋匠刀形证明这些特征。

我们很容易就能证明,点 D 将 AC 分成的两段与点 S 将 AB 分成的两段具有相同的比例,即黄金分割比。类似地,点 E 将弦 BC 分成同一比例。我们注意到图 5.22 中标明的这些直角,因为这些角都内接于一个半圆之中。我们还有相似三角形:$\triangle ABC$、$\triangle ASD$ 和

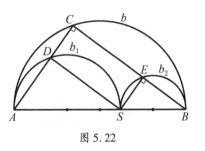

图 5.22

$\triangle SBE$。此外,由于 $CDSE$ 是一个矩形,我们还有 $CD=ES$ 和 $CE=DS$。因此,$\frac{AS}{SB}=\frac{AD}{SE}=\frac{AD}{DC}=\phi$。正如我们在前面曾暗示过的,这个论证可以类推到弦 BC。

我们也可以欣赏这种美妙关系的反面。假设 AC 是直径为 AB 的半圆中的任一条弦。进一步假设动点 D 确定了 AC 的黄金分割。那么,动点 D 所形成的轨迹就是直径为 AS 的一个半圆,其中点 S 会确定 AB 的黄金分割。

还有一个额外的吸引人之处,让我们考虑图中这三个半圆的弧长:$\overset{\frown}{AB}=b=\pi r$,$\overset{\frown}{AS}=b_1=\pi r_1$,以及 $\overset{\frown}{BS}=b_2=\pi r_2$。

于是有

$$\frac{b}{b_1}=\frac{\pi r}{\pi r_1}=\frac{r}{r_1}=\frac{2r}{2r_1}=\frac{AB}{AS}=\phi,\text{以及}\frac{b_1}{b_2}=\frac{\pi r_1}{\pi r_2}=\frac{r_1}{r_2}=\frac{2r_1}{2r_2}=\frac{AS}{BS}=\phi$$

我们现在来考虑这三个半圆形的面积:

$$\text{半圆 } b \text{ 的面积}=\frac{\pi r^2}{2}$$

$$\text{半圆 } b_1 \text{ 的面积}=\frac{\pi r_1^2}{2}$$

$$\text{半圆 } b_2 \text{ 的面积}=\frac{\pi r_2^2}{2}①$$

然后,当我们计算这些半圆的面积比时,我们黄金分割比发现再次出现了。

$$\frac{\text{半圆 } b \text{ 的面积}}{\text{半圆 } b_1 \text{ 的面积}}=\frac{\dfrac{\pi r^2}{2}}{\dfrac{\pi r_1^2}{2}}=\left(\frac{r}{r_1}\right)^2=\left(\frac{2r}{2r_1}\right)^2=\left(\frac{AB}{AS}\right)^2=\phi^2$$

$$\frac{\text{半圆 } b_1 \text{ 的面积}}{\text{半圆 } b_2 \text{ 的面积}}=\frac{\dfrac{\pi r_1^2}{2}}{\dfrac{\pi r_2^2}{2}}=\left(\frac{r_1}{r_2}\right)^2=\left(\frac{2r_1}{2r_2}\right)^2=\left(\frac{AS}{BS}\right)^2=\phi^2$$

至于我们要提及的鞋匠刀形的最后一条属性,是关于其周长的和面积的:

鞋匠刀形的周长 $=b+b_1+b_2=\pi r+\pi r_1+\pi r_2=\pi(r+r_1+r_2)=\pi(r+r)=2\pi r=\pi AB$

鞋匠刀形的面积 $=S-(S_1+S_2)=\dfrac{\pi r^2}{2}-\dfrac{\pi r_1^2}{2}-\dfrac{\pi r_2^2}{2}=\dfrac{\pi(r_1+r_2)^2}{2}-\dfrac{\pi r_1^2}{2}-\dfrac{\pi r_2^2}{2}$

$$=\frac{2\pi r_1 r_2}{2}=\pi r_1 r_2=\pi\cdot\frac{2r_1}{2}\cdot\frac{2r_2}{2}=\frac{\pi}{4}\cdot AS\cdot BS$$

---

① 这里 b 的面积指的是 $\overset{\frown}{AB}$ 与 AB 围成的弧长为 b 的半圆的面积,其他类同。——译注

$$= \frac{\pi}{4} \cdot \frac{1}{\phi} AB \cdot \frac{1}{\phi} AS = \frac{\pi}{4} \cdot \frac{1}{\phi^2} \cdot AB \cdot AS$$

$$= \frac{\pi}{4} \cdot \frac{1}{\phi^2} \cdot AB \cdot \frac{1}{\phi} \cdot AB = \frac{\pi}{4} \cdot \frac{1}{\phi^3} \cdot AB^2$$

作为对这一奇趣一个补充,我们还可以说,如果直角三角形(在图 5.23 中,我们指的是 Rt△ABC)的两条直角边符合黄金分割,那么高 CF 与斜边 AB 也确定了黄金分割比,因为有 $\dfrac{CF}{AF} = \phi$ 和 $\dfrac{BF}{CF} = \phi$。

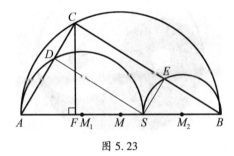

图 5.23

奇趣 11

中国的阴阳符号(图5.24)描绘了两种对立的力量,意在表明万事万物的变化包含着相辅相成的阴阳两方面。这个概念是许多中国哲学和科学的关键。正如你现在所预料到的,再一次,黄金分割隐藏在这个符号中。

图 5.24

阴阳图案由两个全等的半圆组成,它们位于一个大圆直径的相对两边,而这个大圆的直径是这两个较小半圆直径的2倍(参见图5.25)。

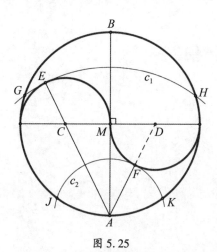

图 5.25

如果我们设大圆(图 5.25)的半径长度等于 1,那么 $AB = 2$,而 $CM = DM = \frac{1}{2}$。我们现在将圆 c_1 和 c_2 添加到此图中,这两个圆都以点 A 为圆心,并且分别与两个全等的半圆相切于点 E 和点 F。

于是我们得到 $r_1 = AE$ 和 $r_2 = AF$。因为 CE 和 AE 都垂直于两个圆在点 E 的切线(图中未作出这条切线),因此它们必定重合。这使我们能够对 $\triangle AMC$ 应用毕达哥拉斯定理,给出

$$AC = \sqrt{AM^2 + CM^2} = \sqrt{1^2 + \left(\frac{1}{2}\right)^2} = \frac{\sqrt{5}}{2}$$

因此,$r_1 = AG = AE = AC + CE = \frac{\sqrt{5}}{2} + \frac{1}{2} = \phi$,$r_2 = AJ = AF = AD - DF = \frac{\sqrt{5}}{2} - \frac{1}{2} = \frac{1}{\phi}$。

这里又一次出现了黄金分割比。

在图 5.26 中,$\angle AGB$ 内接于一个半圆,因此它是一个直角。于是我们对 Rt$\triangle ABG$ 应用毕达哥拉斯定理,得到

$$BG = \sqrt{AB^2 - AG^2} = \sqrt{2^2 - \phi^2} = \sqrt{4 - \phi^2} = \frac{\sqrt{10 - 2\sqrt{5}}}{2} = \sqrt{\frac{5 - \sqrt{5}}{2}} = \frac{\sqrt{\phi^2 + 1}}{\phi}$$

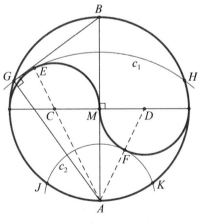

图 5.26

在我们对黄金五边形的研究中，我们知道对于一个半径长度为 1 的圆，其内接五边形的边长为

$$BG = r \cdot \frac{\sqrt{\phi^2+1}}{\phi} = 1 \cdot \frac{\sqrt{\phi^2+1}}{\phi} = \frac{\sqrt{\phi^2+1}}{\phi}$$

因此，我们在阴阳图案中不仅找到了黄金分割，还找到了黄金五边形，如图 5.27 所示。

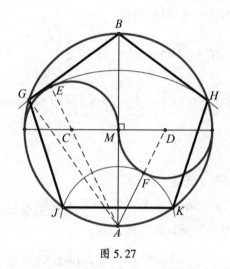

图 5.27

奇趣 12

这一奇趣建立的基础是我们在第 4 章中对正五边形的研究。不过，为了得到它，我们还需要平面几何中最强大的定理之一，不幸的是，这条定律经常被忽略。由希腊数学家托勒密①首先发现的这一关系为我们提供了一个圆内接四边形的边和对角线之间的有价值的关系。该定理指出，对于内接于一个圆的四边形，其两条对边的乘积之和等于它的两条对角线的乘积。② 在图 5.28 中，我们有圆内接四边形 $ABCD$，于是

$$AC \cdot BD = AB \cdot CD + BC \cdot AD, \text{即 } e \cdot f = a \cdot c + b \cdot d$$

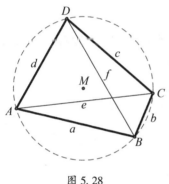

图 5.28

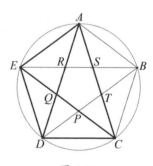

图 5.29

既然我们已经掌握了这种奇妙的关系，那么让我们考虑图 5.29 中的正五边形 $ABCDE$，并关注其中的等腰梯形 $ACDE$，它的两条腰长都为 a，底边长为 a 和 d，对角线长为 d。这个梯形恰好是一个圆内接四边形，因此，我们可以应用托勒密定理：

$$AD \cdot CE = AC \cdot DE + AE \cdot CD$$
$$d \cdot d = d \cdot a + a \cdot a$$
$$d^2 = da + a^2 = a(d+a)$$

---

① 托勒密(Claudius Ptolemy，约 90—168)，古希腊天文学家、地理学家、占星学家和光学家，地心说的倡导者。——译注

② 关于该定理的一种证明可参见 A. S. Posamentier, *Advanced Euclidean Geometry* (Hoboken, NJ: John Wiley, 2002), pp. 128–130. ——原注

我们可以将这个等式改写成一个比例式，于是就得到了我们现在已经很熟悉的结果$\dfrac{d+a}{d}=\dfrac{d}{a}=\phi$。

请回忆一下，在第 4 章中，我们已经得出了$\dfrac{AD}{AQ}=\dfrac{AQ}{DQ}=\dfrac{DQ}{QR}=\phi$。

假设现在我们在这个五边形的外接圆上随机选择一点 X（图 5.30），但不是五边形的一个顶点。接下来对四边形 $ACDX$ 应用托勒密定理，就得到

$$AD \cdot CX = d \cdot CX = AC \cdot DX + AX \cdot CD = d \cdot DX + AX \cdot a$$

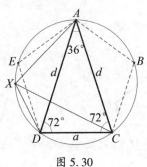

图 5.30

因此

$$d \cdot CX = d \cdot DX + AX \cdot a$$

由此得出

$$d \cdot CX - d \cdot DX = AX \cdot a$$

或者换一种方式来表示：

$$\dfrac{d}{a}=\dfrac{AX}{CX-DX}\text{，即}\dfrac{AX}{CX-DX}=\phi$$

这个构形中的其他丰富的关系留待读者去发现。

奇趣 13

大多数与黄金分割有关的美都是画在纸上的,但其中有一个,只要简单地用一张纸带折叠成一个结就可以实现。[①] 只要拿一条纸带,比方说大约一英寸宽,打一个结。然后如图 5.31 所示,非常小心地将这个结压平。请注意,这样得到的形状看起来是一个正五边形。

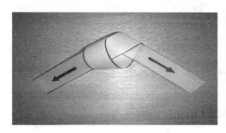

图 5.31 由莱曼拍摄

图 5.32 更详细地展示了这个结。

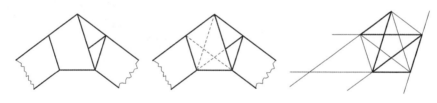

图 5.32

通过这个折纸练习,我们可以看到五边形和五角星(缺少一部分)。这种构形使我们能把五边形的每一条对角线都与它的一条边平行这一点形象化——因为纸带的两边是平行的。如果你用的是相对较薄的半透明纸,并将折出的形状举到光线下,此时你应该就能看到一个带有对角线的五边形。这些对角线会以黄金分割的比例彼此相交。

如果你现在将这张纸带展开,就会得到一个平行四边形,其中有四个

① A. S. Posamentier, *Math Charmers*: *Tantalizing Tidbits for the Mind* (Amherst, NY: Prometheus Books, 2003). ——原注

全等的等腰梯形,每个梯形中的三条边都等于图 5.32 中的五边形的边长,第四条边等于此五角形的对角线长度(图 5.33)。

图 5.33　由莱曼拍摄

对此再说得详细一些,在图 5.34 中,我们发现平行四边形的短边长度即五边形的边长(a),而长边的长度则是五边形边长(a)和对角线长度($d = \phi a$)之和的 2 倍,即 $2a + 2d = 2\phi^2 a$。此平行四边形的高(h)等于纸带的宽度。

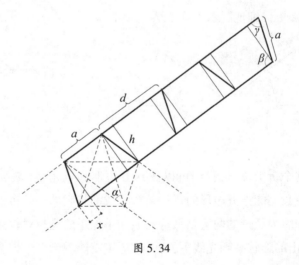

图 5.34

其中的角度 $\alpha = 36°, \beta = 108°, \gamma = 72°$(参见第 4 章)。根据图形的对称性,我们得到 $a + 2x = d$。因此,$x = \dfrac{d-a}{2} = \dfrac{a}{2\phi}$。

我们将纸带的宽度表示为 h,将五边形的边长表示为 a,五边形的对角线表示为 d。

于是有 $\sin\gamma = \sin 72° = \dfrac{h}{a}$，而

$$\sin 72° = \frac{\sqrt{\sqrt{5}\cdot\phi}}{2} = \frac{1}{2}\cdot\sqrt{\frac{5+\sqrt{5}}{2}}$$

由此得到

$$a = \frac{h}{\sin 72°} = \frac{2\sqrt[4]{125}}{5\sqrt{\phi}}h = \frac{\sqrt{10}}{5}\sqrt{5-\sqrt{5}}\cdot h$$

$$d = \frac{2\sqrt[4]{125}\cdot\sqrt{\phi}}{5}h = \frac{\sqrt{10}}{5}\sqrt{5+\sqrt{5}}\cdot h$$

奇趣 14

现在我们要研究一个特别奇特的问题。英国数学家道奇森（Charles Lutwidge Dodgson, 1832—1898）以卡罗尔（Lewis Carroll）的笔名写下了《爱丽丝漫游奇境记》(*Alice's Adventures in Wonderland*)，从而使这个问题广为流传。① 他提出的问题是这样的：图 5.35(a)所示的正方形的面积为 64 个平方单位，并被分成几个四边形和三角形，然后将这些部分重新组合，构成图 5.35(b)所示的那个矩形。

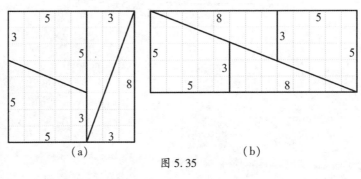

图 5.35

新构成的矩形的面积为 $13 \times 5 = 65$ 个平方单位。这个额外的平方单位是从哪里来的？请先想一想再继续看下去。

好的,我们会帮你解除悬念。"错误"在于假设了这些重新排列的三角形和四边形在如图 5.35 右侧所示的那样放置时,都将沿着画出的对角线排齐。事实并非如此。实际上,当它们正确组合在一起时,这里空缺了一个"狭窄"的平行四边形,其面积为 1 个平方单位(见图 5.36)。

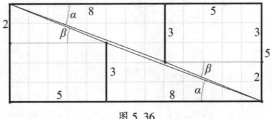

图 5.36

① Stuart Dodgson Collingwood, ed., *Diversions and Digressions of Lewis Carrol* (New York: Dover, 1961), pp. 316—317. ——原注

自然与艺术中的美丽结构　黄金分割

我们可以取标记为 α 和 β 的那两个角的正切函数,这样我们就可以发现这两个角度的大小,从而发现误差所在。请记住,如果它们都以此对角线为其一边,那么它们应该是相等的。①

由 $\tan\alpha=\dfrac{3}{8}$,得 $\alpha\approx20.6°$。

由 $\tan\beta=\dfrac{2}{5}$,得 $\beta\approx21.8°$。

它们之间的差值 $\beta-\alpha$ 仅为 1.2°,但这足以表明它们的一边不在对角线上。

你会注意到图 5.35 中的各线段是 3,5,8,13——全都是斐波那契数。此外,你还可以证明 $F_{n-1}F_{n+1}=F_n^2+(-1)^n$,其中 $n\geqslant1$。② 这个矩形的长和宽分别为 13 和 5,原来的正方形边长为 8。它们是第 5、6、7 个斐波那契数:F_5,F_6,F_7。

这个关系告诉我们

$$F_5F_7=F_6^2+(-1)^6$$
$$5\times13=8^2+1$$
$$65=64+1$$

于是,这个谜题就可以用任意三个相继的斐波那契数构成,只要中间的那个数是斐波那契数列中的偶数项(即处于偶数位置的项)。如果我们使用更大的斐波那契数,那么那个空缺的平行四边形会更不易觉察到。但如果我们使用更小的斐波那契数,那么空缺的那个平行四边形就逃不过我们的眼睛了,如图 5.37 所示:

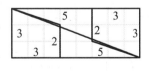

图 5.37

① 平行线的内错角相等。——原注

② 参见《斐波那契数列:定义自然法则的数学》,阿尔弗雷德·S.波萨门蒂、英格玛·莱曼著,涂泓、冯承天译,上海科技教育出版社,2024。——原注

下面是这种矩形的一般形式(图 5.38)。

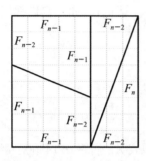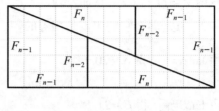

图 5.38

如果要正确地实现拼接而不产生空缺的面积,令人惊讶的是,唯一的
方法是使用黄金分割比 φ,如图 5.39 所示。

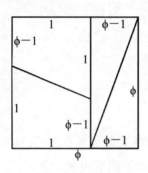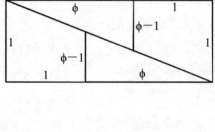

图 5.39

在这里,矩形的面积和正方形的面积是相等的(图 5.39),它们的面
积如下:

$$正方形的面积 = \phi \cdot \phi = \phi^2 = \phi + 1 = \frac{\sqrt{5}+3}{2} = 2.618\,03\cdots$$

$$矩形的面积 = (\phi + 1) \cdot 1 = \phi + 1 = \frac{\sqrt{5}+3}{2} = 2.618\,03\cdots$$

因此,原来的正方形的面积和分割后再拼出的矩形的面积相等。我
们又一次发现了黄金分割的力量,它为这一困境赋予了恰当的意义。

奇趣 15

虽然看起来有点不自然,但黄金分割在这里的出现是相当令人惊讶的。这需要我们制作一个由五个边长为 1 的正方形组成的"十字架",并用一个边长为 a、面积等于该十字架面积的正方形覆盖它。正方形的放置方式应使得在四个角处形成四个小正方形,如图 5.40 所示。这四个小正方形的边长会是 $b = \dfrac{1}{\phi}$,而大正方形的边长会是 $a = \sqrt{5}$。此外,黄金分割也出现在该十字架的**未被大正方形覆盖**部分的面积总和中。这个总和是 $\dfrac{4}{\phi^2}$。

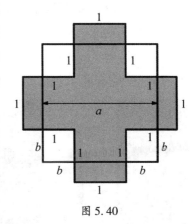

图 5.40

审视图 5.40 可以清楚地看到,如果正方形的面积等于十字架的面积,也就是等于 5(因为十字架是由 5 个单位正方形组成的),那么正方形的边长就是 $a = \sqrt{5}$。

还可以看到,大正方形的边长 a 满足:$a = 2b + 1 = \sqrt{5}$,由此可得

$$b = \frac{\sqrt{5} - 1}{2} = \frac{1}{\phi}$$

最后,为了得到此十字架中的未被大正方形覆盖部分的面积总和[即四个矩形,每个矩形的尺寸为 $1 \times (1 - b)$],我们进行以下计算:

$$\text{所求的面积} = 4 \times 1 \times (1 - b) = 4 \times \left(1 - \frac{1}{\phi}\right) = 4 \times \left(1 - \frac{\sqrt{5} - 1}{2}\right) = 2 \times (3 - \sqrt{5}) = \frac{4}{\phi^2}$$

正如我们所预计的那样,我们得到了一个包含着黄金分割比的值——同样是在你可能最意想不到的时候出现了。

奇趣 16

有时,黄金分割恰好就出现在一个常见的设计中。以洛林十字架①为例,戴高乐将军②建议将其作为法国国旗(图 5.41),代表自由法国③抵抗纳粹占领;它让人想起了圣女贞德④,她在与英国人作战时所用的旗帜上就带有这个符号。如今,在位于戴高乐故乡科隆贝双教堂镇(Colombey les Deux-Églises)上的那座 140 英尺高的纪念碑上(图 5.42)能看到这个符号。在匈牙利的盾形国徽上也能看到这个符号的部分形式。

图 5.41 自由法国的旗帜(1940—1944)

图 5.42 纪念戴高乐的科隆贝纪念碑,位于科隆贝双教堂镇

如图 5.43 所示,这个十字架由 13 个边长为 1 的全等正方形构成。如果我们现在作一条线段,将整个图形分成面积相等的两部分,那就会出现一个最意想不到的结果。这条面积分割线 QPS 将端点 Q 和 S 处的两个小正方形的边都分成了黄金分割!

---

① 洛林十字架(Cross of Lorraine),也称双十字架,比一般十字架多一根小横杆,这根横杆其实是写着"INRI"(Iesvs Nazarenvs Rex Ivdaeorvm)的小木牌,意为"拿撒勒人耶稣,犹太人的君王"。——译注

② 戴高乐(Charles de Gaulle,1890—1970),法国军事家、政治家、外交家、作家,法兰西第五共和国的创建者。——译注

③ 自由法国(Free France)是第二次世界大战期间戴高乐领导的反纳粹德国侵略的法国抵抗组织。——译注

④ 圣女贞德(Joan of Arc,约 1412-1431),英法百年战争中的法国传奇女英雄。——译注

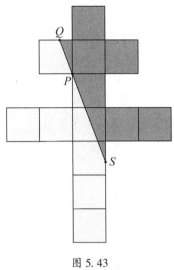

图 5.43

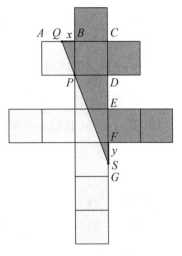

图 5.44

　　现在,我们就来着手证明这一非凡的情况——黄金分割奇特而又意外的出现。由于这个十字架由 13 个单位正方形组成,其总面积就是 13。十字架面积的一半由 △CQS 加上 4 个单位正方形组成(见图 5.44)。

　　我们要求出 $BQ = x$ 和 $FS = y$ 的长度,因为这将帮助我们确定 Q 和 S 是否将单位正方形的边分成黄金分割。

　　我们计算出 $S_{\triangle CQS} = \dfrac{13}{2} - 4 = \dfrac{5}{2}$,这一面积也可以表示为

$$S_{\triangle CQS} = \frac{CQ \cdot CS}{2} = \frac{(BC + BQ) \cdot (CF + FS)}{2} = \frac{(1+x) \cdot (3+y)}{2}$$

　　联立上面两个表达式,就得到 $\dfrac{(1+x) \cdot (3+y)}{2} = \dfrac{5}{2}$。于是我们进行代数计算:

$$(1+x) \cdot (3+y) = 5$$

$$1 \cdot (3+y) + x \cdot (3+y) = 5$$

$$x \cdot (3+y) = 5 - 3 - y = 2 - y,\text{因此 } x = \frac{2-y}{3+y}$$

　　由于 △BQP 和 △DPS 相似,我们得到 $\dfrac{BQ}{DP} = \dfrac{BP}{DS} = \dfrac{DP}{DF+FS}$。此式用 x 和

y 可以表示为 $\dfrac{x}{1}=\dfrac{1}{2+y}$，即 $x=\dfrac{1}{2+y}$。

我们从所求得的两个 x 的值应该是相等的，于是 $\dfrac{2-y}{3+y}=\dfrac{1}{2+y}$。

令人惊讶的是，这将我们直接引向了黄金分割方程：$y^2+y-1=0$，它的一个根是：$y=-\phi$（我们不能使用它，因为它是负的），而另一个根是

$$y=\frac{\sqrt{5}-1}{2}=\frac{1}{\phi}$$

于是

$$x=\frac{1}{2+y}=\frac{1}{2+\dfrac{\sqrt{5}-1}{2}}=\frac{3-\sqrt{5}}{2}=\frac{1}{\phi^2}$$

最后一个等号成立是因为：

$$\frac{3-\sqrt{5}}{2}=\frac{3-\sqrt{5}}{2}\times\frac{\sqrt{5}+3}{\sqrt{5}+3}=\frac{2}{\sqrt{5}+3}=\frac{1}{\dfrac{\sqrt{5}+3}{2}}=\frac{1}{\phi+1}=\frac{1}{\phi^2}$$

现在我们有了 x 和 y 的值，接下去就可以证明点 Q 和 S 分别将线段 AB 和 FG 分成黄金分割。对于线段 AB：

$$\frac{AQ}{BQ}=\frac{1-x}{x}=\frac{1-\dfrac{3-\sqrt{5}}{2}}{\dfrac{3-\sqrt{5}}{2}}=\frac{\sqrt{5}+1}{2}=\phi$$

而对于线段 FG：

$$\frac{FS}{GS}=\frac{FS}{FG-FS}=\frac{y}{1-y}=\frac{\dfrac{\sqrt{5}-1}{2}}{1-\dfrac{\sqrt{5}-1}{2}}=\frac{\sqrt{5}-1}{3-\sqrt{5}}=\frac{\sqrt{5}+1}{2}=\phi$$

因此，我们就证明了，当线段 PQS 将这个十字架划分为面积相等的两块时，点 Q 和 S 必定分别将线段 AB 和 FG 分成黄金分割。

奇趣 17

为了体验下一个奇趣，我们从一个正方形开始，从它的一个顶点作一条到它的一条对边中点的线段。然后我们来到作图的关键部分，即作一个与其他两条边（如图 5.45 所示，这两条边是 BC 和 CD）以及我们刚刚在正方形内部所作的线段 DE 都相切的圆。黄金分割将出现在好几个地方。首先，从正方形的一个顶点 D 出发并通过圆心 M 的直线 DK 与 BC 边相交于点 K，并将 BC 分成黄金分割：$\dfrac{CK}{BK}=\phi$。① 方便起见，我们将正方形 $ABCD$ 的边长取为长度 1。

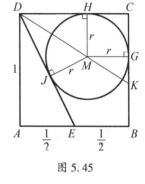

图 5.45

此外，该圆的半径 $r=\dfrac{1}{\phi^2}$。这还不够，该圆与正方形边的切点 H 和 G 分别给出了边 DC、CB 的黄金分割，而圆的第三个切点 J 以 $2:\phi$ 的比例分割正方形内部的线段 DE。现在让我们更详细地检查一下。

在图 5.46 中，我们有正方形 $ABCD$，其中 $AE=BE=\dfrac{1}{2}$。点 F 是直线 CB 和 DE 的交点。由 $AB /\!/ CD$ 可得 $\dfrac{BF}{CF}=\dfrac{BE}{CD}=\dfrac{1}{2}$，于是 $\dfrac{BF}{BF+BC}=\dfrac{x}{x+1}=\dfrac{1}{2}$，由此得到 $x=1$。

在 $\text{Rt}\triangle CDF$ 中，应用毕达哥拉斯定理可得 $DF=\sqrt{5}$。此外，由 $\triangle AED\cong\triangle BEF$ 可得

$$DE=EF=\dfrac{\sqrt{5}}{2}$$

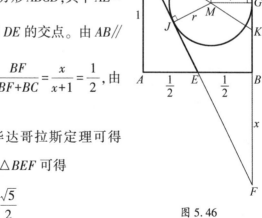

图 5.46

---

① DMK 这条直线也平分 $\angle CDE$。——原注

Rt$\triangle CDF$ 的内切圆的半径 r 可以根据公式 $r=\dfrac{a+b-c}{2}$①求出,其中 $a=CD,b=CF,c=DF$,或者通过以下方式求出:

由于 $\triangle FBE \backsim \triangle FCD$,我们有 $x=BF=1$,我们还有

$CF=BC+BF=1+1=2$。

因此,$FJ=DF-DJ=DF-DH=\sqrt{5}-(1-r)=\sqrt{5}-1+r$,还有 $FG=CF-CG=2-r$。

$FJ=FG$,即 $\sqrt{5}-1+r=2-r$,由此可得

$$r=\frac{3-\sqrt{5}}{2}=\frac{1}{\phi^2}$$

请回忆一下,内切圆的圆心是三角形的各角平分线的交点。当对 $\triangle DHM$(图 5.46)应用毕达哥拉斯定理时,我们有

$$DM=\sqrt{DH^2+HM^2}=\sqrt{(1-r)^2+r^2}=\sqrt{5-2\sqrt{5}}$$

接下来的几个步骤都很容易理解:

$$BG=DH=DJ=1-r=1-\frac{3-\sqrt{5}}{2}=\frac{\sqrt{5}-1}{2}=\frac{1}{\phi}$$

$$EJ=DE-DJ=\frac{\sqrt{5}}{2}-\frac{\sqrt{5}-1}{2}=\frac{1}{2}$$

$$\frac{BG}{CG}=\frac{1-r}{r}=\frac{1-\dfrac{1}{\phi^2}}{\dfrac{1}{\phi^2}}=\frac{\phi^2-1}{1}=\phi^2-1=(\phi+1)-1=\phi$$

$$\frac{BC}{BG}=\frac{1}{1-r}=\frac{1}{1-\dfrac{1}{\phi^2}}=\frac{\phi^2}{\phi^2-1}=\frac{\phi^2}{\phi}=\phi$$

---

① 对于一个任意选择的三角形,若 S 为其面积,p 为其周长,r 为其内切圆半径,则 $r=\dfrac{2S}{p}=\dfrac{2S}{a+b+c}=\dfrac{S}{s}$,其中 s 为其半周长。在 Rt$\triangle CDF$ 中,$S=\dfrac{ab}{2}$,又根据毕达哥拉斯定理,$c=\sqrt{a^2+b^2}$,于是有

$$\frac{2S}{p}=\frac{ab}{a+b+\sqrt{a^2+b^2}}\cdot\frac{a+b-\sqrt{a^2+b^2}}{a+b-\sqrt{a^2+b^2}}=\frac{a+b-\sqrt{a^2+b^2}}{2}=\frac{a+b-c}{2}$$ ——原注

这就证明了我们上面所说的那个黄金分割。

同理，$\dfrac{DH}{CH}=\dfrac{1-r}{r}=\phi$，$\dfrac{CD}{DH}=\dfrac{1}{1-r}=\phi$。除了前面提到的一系列 ϕ 的出现，我们还能高兴地看到以下关系：

$$\frac{DJ}{EJ}=\frac{1-r}{\dfrac{1}{2}}=2\cdot(1-r)=2\cdot\left(1-\frac{1}{\phi^2}\right)=2-3+\sqrt5=\sqrt5-1=\frac{2}{\phi}$$

我们现在需要来审视点 K 对 BC 的分割，其中 K 是 $\angle CDE$ 的平分线与 CF 的交点。点 K 将 $\triangle CDF$ 的边 CF 分成 CK、FK 两段，它们之间的比例与另两条边 CD 和 DF 之间的比例相同。

$$\frac{CK}{FK}=\frac{CD}{DF}=\frac{1}{\sqrt5}$$

又从 $FK=CF-CK=2-CK$，我们得到

$$\frac{CK}{FK}=\frac{CK}{2-CK}=\frac{1}{\sqrt5}$$

因此 $2-CK=CK\cdot\sqrt5$，即 $CK=\dfrac{1}{\phi}$。由此可得 $BK=BC-CK=1-\dfrac{1}{\phi}=\dfrac{1}{\phi^2}$。

我们终于准备就绪，能计算我们一开始要求的比例了：

$$\frac{CK}{BK}=\frac{\dfrac{1}{\phi}}{\dfrac{1}{\phi^2}}=\phi$$

这告诉我们，角平分线 DK 将正方形的另一边 CB 分成黄金分割。当我们抛开那些计算过程，而回顾原命题有多么简洁时，我们再次看到黄金分割比真的奇妙地出现了。

奇趣 18

这里又有一种小小的乐趣！在你最意想不到的地方，黄金分割再次出现了。

在图 5.47 中，我们将一个正方形分成四个全等的梯形和一个较小的正方形；这五个部分都具有相同的面积。如果较小的（内部的）正方形的边长为 1，则较大正方形的边长（a）就会是 $\sqrt{5}$，每个梯形的高都会是 $x = \dfrac{1}{\phi}$。

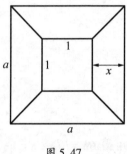

图 5.47

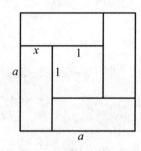

图 5.48

在图 5.48 中，我们将一个正方形分成四个全等的矩形和一个较小的正方形；同样，这五个部分都具有相同的面积。如果较小的（内部的）正方形的边长为 1，则较大正方形的边长（a）就会是 $\sqrt{5}$。每个矩形的宽（短边长度）均为 $x = \dfrac{1}{\phi}$，长（长边长度）为 $a-x = \phi$。这些都是黄金分割的意外出现！让我们来看看为什么会这样。

在图 5.47 和 5.48 中，都有 $a = 2x+1$，即 $x = \dfrac{a-1}{2}$。让我们求出图 5.47 中的一个梯形的面积。请回忆一下，梯形的面积等于高与两底边之和的乘积的一半。

$$梯形面积 = x\left(\frac{a+1}{2}\right) = \frac{a-1}{2} \cdot \frac{a+1}{2} = \frac{a^2-1}{4}$$

由于其中每一个梯形的面积都与较小的正方形的面积相同，我们得到：$\dfrac{a^2-1}{4}=1$，由此可得 $a^2=5$，即 $a=\sqrt{5}$。然后，为了求 x，我们使用前面的那个等式：

$$x=\frac{a-1}{2}=\frac{\sqrt{5}-1}{2}=\frac{1}{\phi}$$

在图 5.48 中，大正方形的面积是内部正方形的 5 倍，即 5 乘 1。因此，$a=\sqrt{5}$。使用我们先前得到的 a 的表达式，我们得到 $\sqrt{5}=a=2x+1$，由此得到

$$x=\frac{\sqrt{5}-1}{2}=\frac{1}{\phi}$$

于是

$$a-x=\sqrt{5}-\frac{\sqrt{5}-1}{2}=\frac{\sqrt{5}+1}{2}=\phi$$

又一次，ϕ 的出现得到了清楚的证明。

奇趣 19

正如我们对之前那个奇趣中 φ 的意外出现感到惊讶一样,同样令人惊讶的是,黄金分割将再次出现在我们没有理由预期它会出现的地方,比如在以下构形中。考虑图 5.49 中的矩形 $ABCD$,在其 AB 边和 BC 边上分别确定点 P 和点 Q,因此它被分成 4 个三角形:$\triangle DPQ$、$\triangle ADP$、$\triangle PBQ$ 和 $\triangle CDQ$,而我们要求其中三个阴影三角形具有相同的面积。这导致了 φ 的惊人出现,即点 P 和点 Q 将 AB 边和 BC 边分成黄金分割。[①] 想象一下,确定点 P 和点 Q 的位置时是为了得到相等的面积,而结果却导致将它们所在的边分成了黄金分割(对此的证明很简单,但为了不打断我们叙述这些奇趣,我们将在附录中给出)。

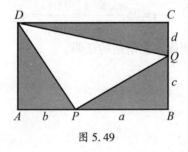

图 5.49

① J. A. H. Hunter, "Triangle Inscribed in a Rectangle," *Fibonacci Quarterly* 1 (1963): 66. ——原注

奇趣 20

这一次,我们将从一些与 φ 相关的长度开始:先作一个边长为 $a=\phi$、$b=\phi\sqrt{\phi}$ 和 $c=\phi+1$ 的三角形,即 $\triangle ABC$,然后证明这会产生一个直角三角形(参见图 5.50)。

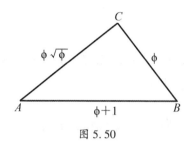

图 5.50

使用毕达哥拉斯定理的逆定理,我们将证明这个三角形实际上是一个直角三角形,因为

$$(\phi\sqrt{\phi})^2+\phi^2=\phi^3+\phi^2=\phi^2(\phi+1)=(\phi+1)(\phi+1)=(\phi+1)^2$$

因此,$AC^2+BC^2=AB^2$,这表明 $\angle ACB$ 是一个直角。

此外,该三角形的面积(用 φ 来表示)为

$$S_{\triangle ABC}=\frac{\sqrt{\phi^5}}{2}$$

这是通过取该直角三角形的两条直角边的乘积的一半得到的:

$$\frac{1}{2}\phi\cdot\phi\sqrt{\phi}=\frac{1}{2}\phi^2\sqrt{\phi}=\frac{1}{2}\sqrt{\phi^4}\sqrt{\phi}=\frac{\sqrt{\phi^5}}{2}$$

如图 5.51 所示,作斜边 AB 上的中线(CM)和高(CD),我们有 $BD=1$,并且 M、D 之间的距离为

$$DM=BM-BD=\frac{(\phi+1)}{2}-1=\frac{\phi-1}{2}=\frac{\phi(\phi-1)}{2\phi}=\frac{\phi^2-\phi}{2\phi}=\frac{(\phi+1)-\phi}{2\phi}=\frac{1}{2\phi}=\frac{\sqrt{5}-1}{4}①$$

---

① 由 $\triangle ABC \backsim \triangle CBD$,有 $\dfrac{CB}{AB}=\dfrac{DB}{CB}$,或 $\dfrac{\phi}{\phi+1}=\dfrac{DB}{\phi}$。于是 $DB=\dfrac{\phi^2}{\phi+1}=\dfrac{\phi+1}{\phi+1}=1$。——原注

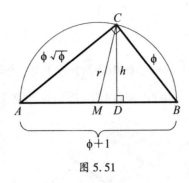

图 5.51

还有一些值得一说的小特征,由高 CD 确定的两个直角三角形的面积也可以用黄金分割比表示:

$$S_{\triangle ACD} = \frac{\sqrt{\phi^3}}{2}, S_{\triangle BCD} = \frac{\sqrt{\phi}}{2} \text{ ①}$$

这表明 $S_{\triangle ACD} = \phi \cdot S_{\triangle BCD}$。

最后,但同样重要的是,$\triangle ABC$ 的三条边长之比为

$$AB : AC : BC = (\phi+1) : \phi\sqrt{\phi} : \phi = \phi^{\frac{1}{2}} : 1 : \phi^{-\frac{1}{2}}$$

---

① $\angle BAC = \arcsin\dfrac{1}{\phi}$ ($\approx 38.17°$)。——原注

奇趣 21

我们的下一个奇趣将建立在上一个奇趣的基础上。我们从奇趣 20 中的构形开始,以一种稍有不同的方式表示其中各边的长度,但保持它们的值不变。这样,我们就有了如图 5.52 所示的各个长度:

$$a = BP = \phi$$

$$b = AP = \phi\sqrt{\phi} = \phi^{\frac{3}{2}}$$

$$c = AB = \phi + 1 = \phi^2$$

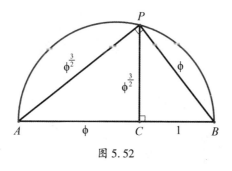

图 5.52

我们现在将相继作一系列垂线和平行线。作 AB 的垂线,垂足为 B(B_1),与通过 A 和 $P(P_1)$ 的直线相交于 P_2,过点 P_2 作 B_1P_1 的平行线,与 AB 的延长线相交于 B_2(参见图 5.53)。

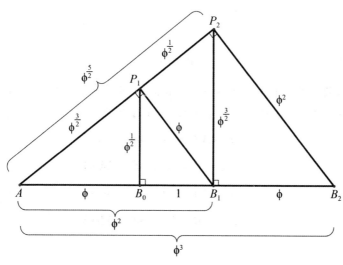

图 5.53

在这里，$B_0B_1 = \phi^0 = 1$

$$P_1P_2 = B_0P_1 = \phi^{\frac{1}{2}}$$

$$AB_0 = B_1P_1 = B_1B_2 = \phi^1 = \phi$$

$$AP_1 = B_1P_2 = \phi^{\frac{3}{2}}, AB_1 = B_2P_2 = \phi^2$$

$$AP_2 = \phi^{\frac{5}{2}}, AB_2 = \phi^3$$

这个过程可以继续下去，如图 5.54 所示。

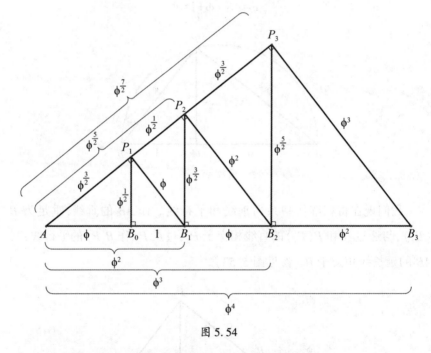

图 5.54

正如你现在可能已经预料到的，我们得到了黄金分割比的幂的一个几何表示，同时还得到了斐波那契数（另见第 4 章）：

$$AB_1 = AB_0 + B_0B_1 \Rightarrow \phi^2 = 1\phi + 1$$

$$AB_2 = AB_1 + B_1B_2 \Rightarrow \phi^3 = 2\phi + 1$$

$$AB_3 = AB_2 + B_2B_3 \Rightarrow \phi^4 = 3\phi + 2$$

$$AB_4 = AB_3 + B_3B_4 \Rightarrow \phi^5 = 5\phi + 3$$

$$AB_5 = AB_4 + B_4B_5 \qquad \Rightarrow \phi^6 = 8\phi + 5$$

$$\cdots$$

$$AB_n = AB_{n-1} + B_{n-1}B_n \Rightarrow \phi^n = F_n\phi + F_{n-1} \, (n > 0)$$

黄金分割比再次为我们提供了代数和几何之间紧密联系的另一个例子。如果我们将这个过程反过来,就会得到图 5.55 中所标注的各线段。

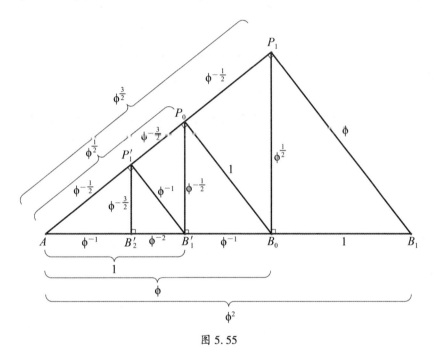

图 5.55

这会为我们提供数列 1, ϕ^{-1}, ϕ^{-2}, ϕ^{-3}, ϕ^{-4}, ϕ^{-5}, ϕ^{-6}, $\cdots$,对此类似地构建出一系列三角形,就会给出 $\phi = \phi^{-1} + \phi^{-2} + \phi^{-3} + \phi^{-4} + \phi^{-5} + \phi^{-6} + \cdots$。

我们还可以作一条矩形"螺线",其中第 n 条边长是 ϕ 的这些幂(图 5.56)。这条"螺线"趋向由 B_0B_2' 和 $B_1'B_3'$ 的交点所确定的那个极限点。

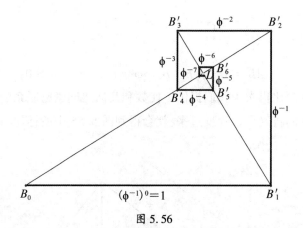

图 5.56

这条矩形"螺线"的长度是有限的,即 $1+\phi^{-1}+\phi^{-2}+\phi^{-3}+\phi^{-4}+\phi^{-5}+\phi^{-6}+\cdots$ $=1+\phi=\phi^2$。

奇趣 22

这里我们又有一种简单的情况，其中黄金分割出现得相当出乎意料！我们从平行四边形 *ABCD* 开始，它的锐角为 60°，然后作两个等边三角形，如图 5.57 所示。如果 *ABCD* 和 *DEBF* 这两个平行四边形的对应边比例相同，即 $(a+x):a=a:x$，则它们

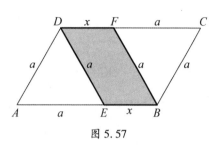

图 5.57

是相似的。这应该会使我们想起黄金分割比，这个比例是 $\phi:1$。

于是这两个平行四边形的面积比就等于这个相似比的平方，也就是说，$S_{\square ABCD}:S_{\square DEBF}=\phi^2:1$，这很容易证明。

根据这两个平行四边形相似，我们得到 $\dfrac{AB}{BC}=\dfrac{DE}{BE}$，也就是 $\dfrac{a+x}{a}=\dfrac{a}{x}$。这会产生一个我们现在已很熟悉的二次方程：$x^2+ax-a^2=0$，其正根为 $x=\dfrac{1}{\phi}a$。因此，这两个相似平行四边形的对应边之比为 $a:x=\phi:1$，而这两个平行四边形的面积之比为 $S_{\square ABCD}:S_{\square DEBF}=\phi^2:1$。

通过一种方法，我们也可以独立地得出这两个平行四面形面积之比。如图 5.58 所示，△*ADE* 的高 *DG* 为

$$h=\frac{\sqrt{3}}{2}a$$

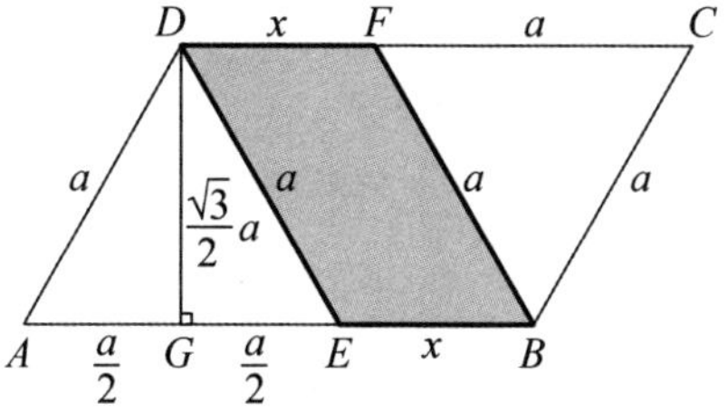

图 5.58

这也是两个平行四边形的高。因此,我们可以使用以下公式来计算出每个平行四边形的面积:底面积与高的乘积。

$$S_{\square ABCD} = AB \cdot DG = (a+x) \cdot h = \left(a + \frac{1}{\phi}a\right) \cdot \frac{\sqrt{3}}{2}a = \frac{\sqrt{3}}{2}\phi \cdot a^2 = \frac{\sqrt{3}(\sqrt{5}+1)}{4} \cdot a^2$$

$$S_{\square DEBF} = BE \cdot DG = x \cdot h = \frac{1}{\phi}a \cdot \frac{\sqrt{3}}{2}a = \frac{\sqrt{3}(\sqrt{5}-1)}{4} \cdot a^2$$

于是这两个平行四边形的面积之比就是

$$S_{\square ABCD} : S_{\square DEBF} = \left(\phi \cdot \frac{\sqrt{3}}{2}a^2\right) : \left(\frac{1}{\phi} \cdot \frac{\sqrt{3}}{2}a^2\right) = \frac{\phi}{\frac{1}{\phi}} = \phi^2$$

这也可以写成 $S_{\square ABCD} : S_{\square DEBF} = \phi^2 : 1 = (\phi+1) : 1$。

奇趣 23

梯形为我们呈现了一种奇特的黄金分割。在图 5.59 和图 5.60 中，我们有梯形 $ABCD$，其中一个是等腰梯形（图 5.60），另一个是不等腰梯形（图 5.59）。连接梯形腰上的点 E 和 F 的线段 FE 与底边平行。令两条底边长度分别为 $a = 3b$ 和 b，如图 5.59 所示，使得

$$FE = c = \sqrt{\frac{a^2 + b^2}{2}}$$

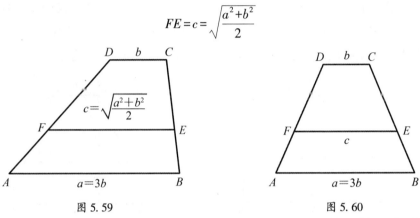

图 5.59　　　　　　　　　图 5.60

我们将 FE 称为**均方根**，它将原梯形分成两个面积相等的梯形。[1] 我们在这里特别感兴趣的是，这条线段 FE 将梯形的两条腰分成了黄金分割。

到目前为止，给定的条件有以下这些：两条平行的底边为 $AB = a$，$CD = b$，且 $a = 3b$。此外还有

$$FE = c = \sqrt{\frac{a^2 + b^2}{2}}$$

由于 $b < a$，我们有 $b < c < a$，因为

$$c = \sqrt{\frac{9b^2 + b^2}{2}} = \sqrt{5}\,b < 3b$$

这证明了线段 EF 确实存在，因为它的长度在两条底边的长度之间。

---

① 参见《毕达哥拉斯定理：力与美的故事》，阿尔弗雷德·S.波萨门蒂著，涂泓、冯承天译，上海科技教育出版社，2024。——原注

我们接下来参考图 5.61 和 5.62，其中 $DG /\!/ BC$，且 $BG = CD = b$。于是，由于 $\triangle DAG$ 与 $\triangle DFH$ 相似，我们得到

$$\frac{AD}{DF} = \frac{AG}{FH} = \frac{2b}{FE-EH} = \frac{2b}{c-b} = \frac{2b}{\sqrt{5}\,b-b} = \frac{2}{\sqrt{5}-1} = \frac{\sqrt{5}+1}{2} = \phi$$

这样我们就能推断出 $\dfrac{DF}{AF} = \phi$，我们再次得到了黄金分割比！

梯形的高也被分成黄金分割。在图 5.61 和图 5.62 中，我们注意到高 $DK = KL + DL = h_1 + h_2$ 和 $DL = h_2$，这使我们得出了黄金分割比 $h_2 : h_1 = \phi : 1$。我们留待读者去证明，原梯形的面积实际上被 FE 平均分成两半。

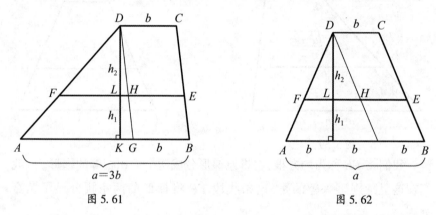

图 5.61　　　　　　　　　　　图 5.62

对于志存高远的读者，我们在附录中给出了此构形的简明作图步骤。

奇趣 24

在这里,我们将考虑一个等腰梯形,它有一个内切圆(与梯形的四条边均相切),而该梯形还有一个以其较长底边作为直径的外接圆。这个特殊的梯形中隐藏着黄金分割。

我们使用等腰梯形 $ABCD$(如图 5.63 所示),其各边为 $AB=a$,$BC=b$,$CD=c$,$AD=b$,其中 $AB/\!/CD$。它有一个内切圆和一个外接圆,$AB=a$ 是外接圆 c_0 的直径,因此该外接圆的半径为 $r_0=\dfrac{a}{2}$,且 $\varepsilon=\angle BM_0C$。于是我们会得到以下意想不到的性质:$b=\dfrac{a}{\phi}$,$c=a\left(\dfrac{\phi-1}{\phi^2}\right)$,以及图中的内切圆的半径为

$$r_i=\frac{a\sqrt{\phi}}{2\phi^2}$$

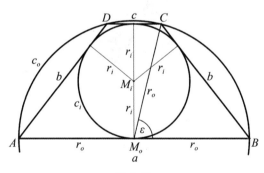

图 5.63

此外,我们还可以证明黄金分割比还出现在关于一个角度的关系中:即对 $\angle BM_0C=\varepsilon$ 求正弦函数时,我们发现 $\sin\dfrac{\varepsilon}{2}=\dfrac{1}{\phi}$。

(关于出现这些黄金分割比的证明可以在附录中找到。)

奇趣 25

有时,一个黄金分割的出现不仅出人意料,而且在直觉上也**并不明显**。这里,我们从一个具有矩形底面的正棱锥①开始。这个棱锥的所有侧面都是等腰三角形,如图 5.64 所示。包含底面一边(BC)并与相对侧面相交于线段 EF 的平面将棱锥的体积分成两半。这里耐人寻味的是,点 E 将侧棱 AS 分成黄金分割,即 $\dfrac{AS}{ES}=\dfrac{\phi}{1}$ 和 $\dfrac{ES}{AE}=\dfrac{\phi}{1}$。同样,点 F 则将侧棱 DS 分成黄金分割,即 $\dfrac{DS}{FS}=\dfrac{\phi}{1}$ 和 $\dfrac{FS}{DF}=\dfrac{\phi}{1}$。

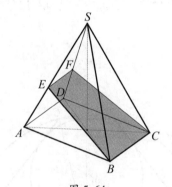

图 5.64

___

① 正棱锥是指轴线垂直于其底面的棱锥。这里的轴线是指将棱锥顶点与底面中点相连的直线。——原注

奇趣 26

这一奇趣可能看起来有点不自然,但我们能从中发现,黄金分割以一种奇特的方式,在最意想不到的地方出现了。我们从一个三角形开始,即图 5.65 所示的 $\triangle ABC$,其中 $AB = 2$,$BC = 1$,且 $AB \perp BC$。方便起见,我们定义 $C = C_0$,这将使我们能在最后对它加以推广。作 $\angle ACB$ 的角平分线,它与 AB 相交于点 C_{-1}。过点 C(或 C_0)作 $C_{-1}C_0$ 的垂线,与 AB 的延长线相交于点 C_1。然后过点 C_1 作 C_0C_1 的垂线,与 BC 的延长线相交于 C_2 处。重复这个过程,过 C_2 作 C_1C_2 的垂线,它与 BA 的延长线相交于 C_3。然后,我们以相同的方式得到点 C_4,C_5,$\cdots$,C_n(其中 $n \geqslant 0$)。[①] 此时我们有以下结果

$$\frac{BC_{-1}}{BC_0} = \frac{BC_0}{BC_1} = \frac{BC_1}{BC_2} = \frac{BC_2}{BC_3} = \frac{BC_3}{BC_4} = \frac{BC_4}{BC_5} = \cdots = \frac{BC_{n-1}}{BC_n} = \frac{1}{\phi}$$

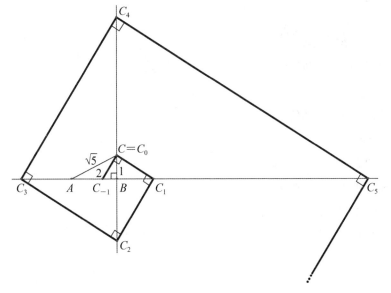

图 5.65

---

① 一般形式是,过 C_n 作 $C_{n-1}C_n$ 的垂线,与通过 B 和 C_{n-1} 的直线相交于点 C_{n+1}。—— 原注

且
$$BC_n = \phi \cdot BC_{n-1} = \phi^n \ (n = -1, 0, 1, 2, 3, \cdots)$$

为了理解这一结果为何成立，我们要回到原三角形 $\triangle ABC$，其中 $AB = 2$，$BC(BC_0) = 1$，$AC = \sqrt{5}$。若我们设 $BC_{-1} = x$，则 $AC_{-1} = 2 - x$。CC_{-1} 是一条角平分线，因此

$$\frac{AC}{AC_{-1}} = \frac{BC}{BC_{-1}}，即 \frac{\sqrt{5}}{2-x} = \frac{1}{x}$$

这就给出了 $x = \dfrac{1}{\phi}$，于是我们有 $BC_{-1} = \phi^{-1}$，$BC_0 = \phi^0 (=1)$，以及 $BC_1 = \phi^1$。

一般而言，$\triangle BC_nC_{n+1}$ 形式的直角三角形彼此都是相似的。因此对于 $n = 0, 1, 2, 3, \cdots$，有

$$\frac{BC_0}{BC_{-1}} = \frac{BC_1}{BC_0} = \frac{BC_2}{BC_1} = \frac{BC_3}{BC_2} = \frac{BC_4}{BC_3} = \frac{BC_5}{BC_4} = \cdots = \frac{BC_n}{BC_{n-1}} = \frac{\phi}{1}$$

由

$$\frac{BC_{-1}}{BC_0} = \frac{1}{\phi} = \phi^{-1}$$

我们得到 $BC_0 = \phi \cdot BC_{-1}$。一般而言，对于 $n = 0, 1, 2, 3, \cdots$，$BC_n = \phi \cdot BC_{n-1} = \phi^n$。

图 5.65 中，没有辅助线分散我们的注意力，这条"螺旋"会更有吸引力，如图 5.66 所示。

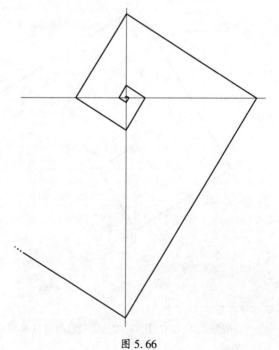

图 5.66

奇趣 27

我们的下一个奇趣不是几何的,而是使用一种模式,尽管这种模式一开始看起来可能很奇怪。我们将考虑下面这个由 1 和 0 构成的数列:

1 0 1 1 0 1 0 1 1 0 1 1 0 1 0 1 1 0 1 0 1 1 0 1 1 0 1 0 1 1 0 1

这个数列的构造非常简单。我们从一个 1 开始。下一步是将 1 替换为 10,如下面的列表所示。然后,在接下来的每一步中,我们都将 1 替换为 10,将 0 替换为 1。

黄金数串

1

10

101

10110

10110101

1011010110110

10110101101101 0110101

1011010110110101101011011010110110

……

另一种看待这一数列的建立过程的方式是,取第三代(101),将上一代(10)接在它后面,得到 10110。为了得到下一代,我们取刚才那一代,即 10110,并将前一代接在它后面,得到 10110101。一般而言,为了得到第 n 代,我们取第($n-1$)代,再将第($n-2$)代接在它后面。这个数列通常被称为**黄金数串**。

至此,你可能想知道这与黄金分割比有什么关系。考虑函数 $y=f(x)=\phi x$。

让我们作出这个函数($y=\phi x$)的图像,如图 5.67 所示。这是一条不通过任何整数格点的直线。我们用 1 来表示这条直线每次与一条水平线相交的点,用 0 来表示它每次与一条竖直线相交的点。我们从原点之后开始,列出沿着这条直线的数字,如图 5.67 所示。于是我们就会得到以下结果：10110101101101，而这就是黄金数串。这条黄金分割比的图像能够生成这个数列。

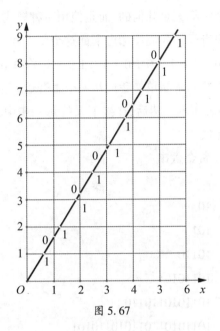

图 5.67

创建黄金数串的过程可能会让你想起斐波那契数。请考虑表 5.1。

表 5.1

黄金数串	0 和 1 的个数
1	1
10	1+1
101	1+2
10110	2+3
10110101	3+5
10110101101 10	5+8
10110101101 1010110101	8+13
10110101101 1010110101101 1010110110	13+21
...	...

自然与艺术中的美丽结构

黄金分割

数一下 0 和 1 的个数让我们想起斐波那契数。此外,如果我们取 0 的个数与 1 的个数之比,我们就会得到黄金分割比——又一次!

通过以下说明可以看到黄金数串的另一个奇特的方面。有人可能会说这个数列是自生成的。为了明示这一点,我们将从这个黄金数串开始:

10110101101101011010110110110...

我们重点关注数串中所有的 10,用下划线来突出它们:

10110 | 10110110 | 10110 | 10110110 | 10110110...

接下来我们将这些 10 替换为 2,如下所示:

212 | 21212 | 212 | 21212 | 21212...

接下去,我们将所有的 2 替换为 1,所有的 1 替换为 0,这样就给出

101 | 10101 | 101 | 10101 | 10101...

或者连起来写:101101011011010110101...

是的,这就是我们原来的数串,它是自生成的,正如我们一开始所声称的那样。

奇趣 28

有一道很好的趣味算术题是设法只用四个 4 来表示各自然数。下面是对前 20 个正整数和 0 进行的这种练习。

$$0 = \frac{4-4}{4+4}$$

$$1 = \frac{4+4}{4+4} = \frac{\sqrt{44}}{\sqrt{44}}$$

$$2 = \frac{4 \times 4}{4+4} = \frac{4-4}{4} + \sqrt{4}$$

$$3 = \frac{4+4+4}{4} = \sqrt{4} + \sqrt{4} - \frac{4}{4}$$

$$4 = \frac{4-4}{4} + 4 = \frac{\sqrt{4 \times 4} \times 4}{4}$$

$$5 = \frac{4 \times 4 + 4}{4}$$

$$6 = \frac{4+4}{4} + 4 = \frac{4\sqrt{4}}{4} + 4$$

$$7 = \frac{44}{4} - 4 = \sqrt{4} + 4 + \frac{4}{4}$$

$$8 = 4 \times 4 - 4 - 4 = \frac{4 \times (4+4)}{4}$$

$$9 = \frac{44}{4} - \sqrt{4} = 4\sqrt{4} + \frac{4}{4}$$

$$10 = 4 + 4 + 4 - \sqrt{4}$$

$$11 = \frac{4}{4} + \frac{4}{0.4}$$

$$12 = \frac{4 \times 4}{\sqrt{4}} + 4 = 4 \times 4 - \sqrt{4} - \sqrt{4}$$

$$13 = \frac{44}{4} + \sqrt{4}$$

$$14 = 4 \times 4 - 4 + \sqrt{4} = 4 + 4 + 4 + \sqrt{4}$$

$$15 = \frac{44}{4} + 4 = \frac{\sqrt{4} + \sqrt{4} + \sqrt{4}}{0.4}$$

$$16 = 4 \times 4 - 4 + 4 = \frac{4 \times 4 \times 4}{4}$$

$$17 = 4 \times 4 + \frac{4}{4}$$

$$18 = \frac{44}{\sqrt{4}} - 4 = 4 \times 4 + 4 - \sqrt{4}$$

$$19 = \frac{4 + \sqrt{4}}{0.4} + 4$$

$$20 = 4 \times 4 + \sqrt{4} + \sqrt{4}$$

到现在,可以预计的是,这对于许多其他数字来说也是可能的。你当然可以继续此列表。不过,当我们谈到本书的主题——黄金分割比时,我们不会期望能够用这种方式表示它,因为它不是一个正整数。然而,黄金分割比再次以其无所不在让我们惊讶了。这里是用四个 4(其中 4 的阶乘 4! 定义为 1×2×3×4)来表示的黄金分割比:

$$\frac{\sqrt{4} + \sqrt{4! - 4}}{4} = \phi$$

是的,等号是严格成立的!

你可以证明这相当于

$$\frac{1 + \sqrt{5}}{2} = \phi$$

证明过程如下:

$$\frac{\sqrt{4} + \sqrt{4! - 4}}{4} = \frac{\sqrt{4} + \sqrt{24 - 4}}{4} = \frac{\sqrt{4} + \sqrt{4} \times \sqrt{5}}{4} = \frac{2 + 2\sqrt{5}}{4} = \frac{1 + \sqrt{5}}{2}$$

在本章中,我们设法证明了黄金分割比的出现似乎确实是无穷无尽的。经常会出现一些毫无关联的情况,在其中都隐藏着黄金分割比。我们希望能激发读者去寻找其他隐藏的黄金分割现象。

最后，但同样重要的……

在数学界中，π 的爱好者们将 3 月 14 日定为 π 日加以庆祝，因为这个日期的缩写是 3-14。而到了 1 点 59 分，他们就会欢呼雀跃！（你能猜到是为什么吗?）仿照此例，我们应该在 1 月 6 日庆祝 φ，于是 φ 的爱好者们就会在 18:03 特别欢欣！

第6章　植物界中的黄金分割①

　　数百年来,向日葵、冷杉球果和菠萝的螺旋模式一直吸引着植物生物学家,而解释其外观的尝试至今仍是一个令人兴奋的研究领域(称为**叶序学**)。这为简单的数学描述和建模能如何帮助我们理解复杂的植物生长过程提供了极好的例子。更有趣的例子之一是斐波那契数在分析自然界中某些重复的或有规则的模式方面提供了有用信息,特别是它们在植物界中的应用。

　　当我们考虑植物界中生长形式的千变万化时,斐波那契数的大量出现似乎更令人震惊。例如,如果我们分别数一下一朵向日葵或一个菠萝上的顺时针和逆时针螺旋的数量,那么我们通常会找到两个相继的斐波那契数 F_n。即使在我们很难预料到的一些情况下也是如此,比如蒲公英的头状花序。在所有远航的蒲公英种子都飘散后,就能看到斐波那契螺旋模式[图6.1(d)和6.2(a)],其中有34条顺时针螺旋和55条逆时针螺旋。在盘叶莲花掌的例子里(图6.3),可以清楚地观察到5条顺时针螺旋和8条逆时针螺旋。

---

① 本章由德国柏林洪堡大学(Humboldt University)的赫尔维希(Heino Hellwig)撰写,他是 DFG 研究中心资助的 MATHEON 研究中心的一位研究助理。本章以及所有图片转载均蒙赫尔维希惠允使用。——原注

(a)　　　　　　　(b)　　　　　　　(c)　　　　　　　(d)

图 6.1　蒲公英头状花序的各生长阶段[照片提供:马斯科鲁斯(Mascolus)]

（a）蒲公英的头状花序　　（b）玛格丽特(雏菊)头状花序　　（c）菠萝苞片模式

图 6.2　斐波那契螺旋模式

图 6.3　盘叶莲花掌,它具有 5 条顺时针螺旋和
8 条逆时针螺旋的斐波那契螺旋模式

在接下去的讨论中,我们将试图建立一条普适规律来解释植物界中斐波那契数的频繁出现。

斐波那契数与黄金角度

斐波那契数与**黄金角度**有着密切的关联,黄金角度的定义如下(见第4章):黄金角度是通过将一个圆的度数除以黄金分割比得到的。这种方式产生了两个角度,在这里分别称为大黄金角度和小黄金角度:$\dfrac{360°}{\phi}=$222.4…°和$360°-\dfrac{360°}{\phi}=360°(2-\phi)=137.5…°$(图6.4)。

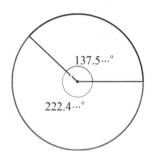

图 6.4　黄金角度

在自然界中经常能观察到黄金角度的近似值,即相继两片叶片之间的角度,也称为**发散角**(图6.5)。在植物生长历史的早期,黄金角度就已经很明显了。

图 6.5　发散角近似为黄金角度(137.5…°)

1830 年，德国地质学家、植物学家和诗人申佩尔（Karl Friedrich Schimper，1803—1867）首次以经验为根据证明了黄金角度与斐波那契数之间的联系（见表6.1）。[1]

表 6.1　几种特定植物的发散角[2]

发散角(°)	植物
$\dfrac{1}{2}\times360=180$	酸橙
$\dfrac{1}{3}\times360=120$	山毛榉
$\dfrac{2}{5}\times360=144$	橡树
$\dfrac{3}{8}\times360=135$	梨树
$\dfrac{5}{13}\times360=138.4\cdots$	杏树

我们在早些时候（第 3 章）已经确定

$$\frac{F_n}{F_{n+1}} \rightarrow \frac{1}{\phi}$$

因此，发散角的分数数列

$$\frac{F_n}{F_{n+2}}$$

具有极限值

$$\frac{F_n}{F_{n+2}} = \frac{F_n}{F_n + F_{n+1}} = \frac{1}{1+\dfrac{F_{n+1}}{F_n}} \rightarrow \frac{1}{1+\phi} = \frac{1}{\phi^2} = 2-\phi$$

---

① K. F. Schimper, "Beschreibung des Symphytum Zeyheri und seiner zwei deutschen Verwandten der *S. bulborum Schimper* und *S. tuberosum*" *Jacqu. Geiger's Magazin für Pharmacie* 29 (1830)：1-92. ——原注

② H. S. M. Coxeter, *Introduction to Geometry*, 2nd ed. (New York：Wiley, 1989). ——原注

这完全等同于黄金角度：

$$(2-\phi)\times360°=\left(2-\frac{\sqrt{5}+1}{2}\right)\cdot360°=137.507\cdots°$$

1979 年，沃格尔在他的论文《构建向日葵头状花序的一种更好的方法》中通过计算机模拟，令人印象深刻地说明了黄金角度在叶序中所起的核心作用。[①] 沃格尔对向日葵头状花序中小花的分布做了两个模型假设：

1. 发散角是恒定的。

2. 布局是紧凑的。

发散角的恒定性意味着以恒定角度 α 建立相继的组织结构；而紧凑布局则要求头状体面积的增加与新建立的生长面积相同。使用计算机模型，可以估算出不同的 λ 参数对发散角 $\alpha=\lambda\cdot360°$ 的影响(图 6.6)。

图 6.6　用不同 λ 值的沃格尔模型生成的三种螺旋模式：

$(左)\lambda=\dfrac{21}{55}=0.3\dot{1}\dot{8}$ ；$(中)\lambda=2-\phi\approx0.381966$ ；$(右)\lambda=0.3825$

实数 λ 对应的发散角与可见螺旋或接触斜列线[②]的数量之间的关系由连分数的展开决定(见附录)。

黄金角度的渐近分数的分母正是斐波那契数，这解释了上述现象，并与同一旋转方向上的螺旋数相吻合。

---

① H. Vogel, "A Better Way to Construct the Sunflower Head," *Math Bioscience* 44 (1979)：179-189. ——原注

② 斜列线(parastichy)即螺旋叶序中器官左右交叉形成的两组斜的螺旋线。——译注

斜列线数、发散角和生长

在植物生长过程中,生长率 h(叶节之间的垂直间隔)会减小,这是一个经验事实。到花园里散个步,并观察各种植物,就可以验证这一点(图 6.7)。

这是螺旋模式中间隔的来源,将其作为一个圆柱形点阵可以更容易地加以解释。为此,我们观察一个圆柱体表面上的螺旋点,该圆柱的半径是 R,生长率是 h,发散角 $\alpha = \lambda \cdot 360°$($\lambda$ 是该角度的发散决定性因素)。如果一个圆柱网格被归一化为 $C = 2\pi \cdot R = 1$ 并展开为一个平面,那么我们就得到了一个平面点阵,它可以用 (h, λ) 明确表征(图 6.8)。①

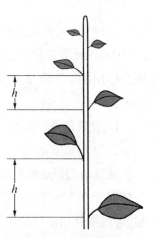

图 6.7　植物生长过程中叶节之间的生长率会减小

新生长的生物序列与正整数密切相关,其中最年轻的被描述为数字 1,第二年轻的被描述为数字 2,以此类推。从几何角度来看,重要的不是生长量的年龄,而是它与邻近生长之间的关系。

对于图 6.9 中的点阵,点 2 和点 3 毗邻原点。这在圆柱体上分别构建了 2 条逆时针旋转的接触斜列线和 3 条顺时针旋转的接触斜列线。我们说斜列线对(2, 3)属于该点阵。通过减小间隔生长率,点 5 取代了点 2,成为原点的第二毗邻点。也就是说,这一斜列线对将其点阵从(2, 3)更改为(5, 3)。

虽然任意一对参数 (h, λ) 都可以构造出一个点阵,但就来自于生物生长过程的点阵而言,它们通常受到严格的约束。叶序点阵常常被理想化为一个切向圆,因此这些点阵是菱形的[图 6.9(b)],这意味着两个生成向量具有相同的长度。这些考虑是荷兰植物学家凡易特生(G. van Iterson,1878—1972)

---

① 在该图上可以特别优雅地观察到其复数特征:$z = \lambda + i \cdot h$。——原注

在 1907 年的博士论文中引入的所谓球形堆积模型的基础。[1] 这使我们能够根据凡易特生图(见图 6.12)解释理想的(即发散角固定)和发散角持续变化的情况下黄金角度与斐波那契数之间的相互关系。

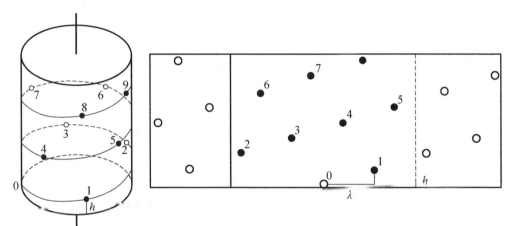

图 6.8 如果我们将图中圆柱体想象成一个滚筒,并在平面上滚动它,那样就会构建出一个点阵,它是通过指定生长率 h(点之间的竖直间隔)和发散角 $\alpha = \lambda \cdot 360°$ 来定义的。观察 -0.5 和 0.5 之间的基础条带 T 就足够了,因为整个点阵是通过位移 T 产生的。

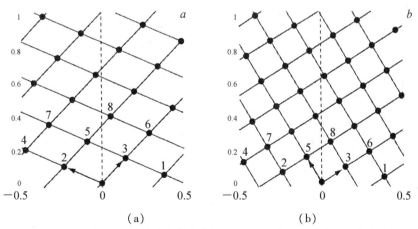

(a)   (b)

图 6.9 上面的圆柱点阵是在发散角参数 $\lambda = 2-\phi$ 的情况下生成的。左边的点阵(a)选择的生长率是 $h=0.05$,而于右边的网格(b)选择的生长率是 $h=0.03$。

① G. van Iterson, *Mathematische und mikroskopisch—anatomische Studien über Blattstellungen* (Jena: Gustav—Fischer—Verlag, 1907). ——原注

叶序的因果模型

有一种解释认为,螺旋模式是一种功能性状或**形态适应性**,能实现对光的最佳利用,从而导致最大的光合作用活性。[①] 不过,这一点是可以忽略的,因为一方面,在盐水藻类中也发现了这些模式,它们在连续水流的作用下不断地运动,因此按照黄金角度来排列就没有什么特别的优势了;另一方面,在介壳虫和种子中也发现了这些模式,而这显然与光的利用无关。[②] 此外,我们也很难区分什么是因,什么是果。

在数百万年的进化过程中,关于叶原基的各角度的密码已经被编写进了一个黑匣子,这种想法在解释这一普遍现象的功能价值方面也没有多大帮助。

另一方面,下面的模型确保了斐波那契螺旋模式的产生完全是由于一些在生物学上合理的原理。

螺旋叶序的数学模型必须至少复制以下两个生物过程:生长尖端中导致原基在特定位置生成的过程,以及原基在胚轴上排列时的相互物理作用。

茎尖分生组织的特征是具有高细胞密度和高细胞分裂率。顶端环位于顶端分生组织的基部,这是叶子或花的新生物原基开始的地方。它们在图 6.10 中看起来像是一些小球。原基的起始位置受到植物激素生长素的决定性调节。

科纳(E. J. H. Corner)说过:"顶端分生组织的螺旋模式……是植物学中最大的奇迹之一。"[③]这一奇迹的一个简单的因果模型是在阿德勒

---

① S. King, F. Beck, and U. Lüttge, "On the Mystery of the Golden Angle in Phyllotaxis" *Plant, Cell and Environment* 27 (2004): 685-695. ——原注

② E. J. H. Corner, *Das Leben der Pflanzen* (Lausanne: Editions Rencontre, 1971), p. 91. ——原注

③ E. J. H. Corner, *Das Leben der Pflanzen* (Lausanne: Editions Rencontre, 1971), p. 90. ——原注

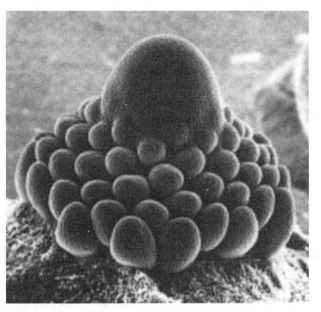

图 6.10　在一个圆锥形花原端上,许多单个雄蕊原基呈螺旋状开始形成。[来自埃尔巴尔(Erbar)和莱因斯(Leins)的反射电子显微镜照片。经埃尔巴尔教授许可转载。]

(I. Adler)的初步工作后①,由 J. N. 雷德利提出的②,这一模型基于瑞士植物学家申威德纳(Simon Schwedener, 1829—1919)的接触压力假设。③ 德国数学家开普勒首次认识到机械力是导致特定有机形态和模式的主要因素。④ 通过这种方式,他解释说,石榴籽的菱形形状是由于这些种子在生长过程中受到压力接触。这些压力导致了菱形种子紧密堆积的结构。艾里(Hubert Airy, 1838—1903)在 1873 年推测,在胚胎状态下,紧凑的堆积

① I. Adler, "A Model of Contact Pressure in Phyllotaxis," *Journal of Theoretical Biology* 45（1974）: 1-79. ——原注

② J. N. Ridley, "Computer Simulation of Contact Pressure in Capitula," *Journal of Theoretical Biology* 95（1982）: 1-11. ——原注

③ Simon Schwendener, *Mechanische Druckkräfte bewegen die Primordia in Positionen mit maximalen Abstand voneinander*（1878）. ——原注

④ J. Kepler, *Von sechseckigen Schnee*, ed. L. Dunsch（Dresden: Hellerau—Verlag, 2005）. ——原注

条件能给植物带来巨大的优势："我们在花蕾中一眼就能看到,它所使用的叶序有何用途。这是空间上的节约,使得花蕾本身自成一体,能以最小的表面积抵抗暴露在外的危险和温度的变化。"[1]

叶原基的紧密堆积使得早期发育阶段的生成形式与压力有关这一假设变得合理。雷德利对接触力模型的模拟包括下列步骤:

> **雷德利算法**
> 1. 一个新原基的**生成**
> 2. 原基之间的**相互作用**
> 3. 各原基的**扩展**

了解原基的位置调节具有特别重要的意义。如今,人们普遍认为,[2]从历史上看,在1868年之后,原基的起始位置可以使用德国植物学家霍夫迈斯特(Wilhelm Hofmeister, 1824—1877)提出的假设来加以经验上的解释:**一个新的原基起始于顶端环的位置,这位置在所有已经存在的原基中,具有最大的间隔。**[3]

用一个改进的雷德利模型来模拟,已表明对于那些大参数区域,螺旋模式的生成与自然界中最常见的那种模式完全相同。[4] 对于向日葵而言,它的频率是82%的斐波那契螺旋[图6.11(a)]和14%的卢卡斯螺旋[图6.11(b)]。[5]

---

① Hubert Airy, "On Leaf—Arrangement," *Proceedings of the Royal Society of London* 21 (1873): 176-179. ——原注

② R. Snow, "Problems of Phyllotaxis and Leaf Determination," *Endeavour* 14 (1955): 190-199. ——原注

③ W. Hofmeister, "Allgemeine Morphologie der Gewächse," *Handbuch der Physiologischen Botanik* 1 (1868): 405-664. ——原注

④ H. Hellwig, R. Engelmann, and O. Deussen, "Contact Pressure Models for Spiral Phyllotaxis and Their Computer Simulation," *Journal of Theoretical Biology* 240, no. 3 (2006): 489-500. ——原注

⑤ J. C. Schoute, "Beiträge zur Blattstellungslehre I," *Die Theorie. Rec. Trav. Bot. Neerl.* 10 (1913): 153-339. ——原注

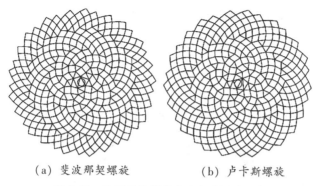

（a）斐波那契螺旋　　　　（b）卢卡斯螺旋

图 6.11　使用雷德利算法生成的螺旋图案

法国物理学家杜瓦迪（Stéphane Douady）和库德（Yves Couder）在他们 1992 年的著名实验中获得了类似的结果。[1] 一边将小铁磁球滴入油池，一边不断降低添加频率，然后通过外加磁场将小磁球缓慢地吸引到外部。这样就生成了一个规则的斐波那契螺旋图案。从那时起，这种模式的构建也在许多其他非生物系统中被观察到。

2002 年，阿特拉（Pau Atela）和他的同事戈勒（Christophe Golé）和霍顿（Scott Hotton）构建了一个动力系统，由此证明了该系统的不动点恰好构成了一个稳定的点阵，这个点阵在 (d, h) 参数空间中是由一个截短的凡易特生图给出的（图 6.12）。[2] 在接触压力的作用下，随着叶节间距的减小而生成的叶序模式可以用向下的锯齿形路径来描述。最早开始且影响范围最大的路径是斐波那契路径 $(1, 1) \rightarrow (1, 2) \rightarrow (2, 3) \rightarrow \cdots \rightarrow (m, n) \rightarrow (n, m+n) \rightarrow \cdots$，这条路径变得越来越接近直线 $x = 2 - \phi$。因此，斐波那契数在植物界如此常见也就不足为奇了。另一方面，正如凡易特生图（图 6.12）令人印象深刻地表明的那样，黄金分割是一种在自然界中发挥作用的数学结构。

正如我们所看到的，黄金分割与它的搭档斐波那契数是深藏在自然

[1] S. Douady and Y. Couder, "Phyllotaxis as a Dynamical Self—Organizing Process (Part I, II, III)," *Journal of Theoretical Biology* 178（1996）：255-312. ——原注

[2] P. Atela, C. Golé, and S. Hotton, "A Dynamical System for Plant Pattern Formation," *Journal Nonlinear Science* 12, no. 6（2002）：641-676. ——原注

界之中的。你也许会想要探索这些数学特征在自然界中的许多其他表现形式。

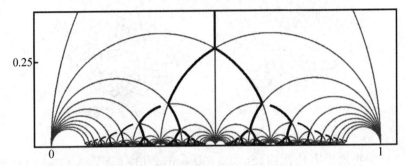

图 6.12　截短的凡易特生图［诺伊基希纳（Grafic Neukirchner）］

第7章 黄金分割与分形[①]

当提到黄金分割时,也许最容易想到的几何图形是正五边形,这是因为它们的边与对角线之间的关系,也许还会想到著名的黄金矩形。但黄金分割在另一个领域也发挥着重要的作用,那就是一些分形的构造。

了解分形本质的最简单方法之一是去观察树木。一棵树为了生长出一个枝杈,它的每个分支要分叉成更小的分支,这种分叉方式构成了我们在创建分形时借鉴而来的基本思想:重复地向一个几何图形中添加自身的缩小的复本,或者在某些情况下,根据确定的规则,用这些缩小的复本替换图形中的一部分。

我们可以模仿一棵树,或者根据一条非常简单的几何规则来创建一棵分形树:我们从树干(一条线段)开始,在它的一个端点处放置树干的两个缩小的复本,从而创建出一个分叉。在这两根新树枝的另一端重复该规则,以创建出其他分叉,如图7.1所示。

图 7.1

① 本章由中密歇根大学(Central Michigan University)数学系副教授迪亚斯(Ana Lúcia B. Dias)博士撰写。本章中的所有图片均蒙迪亚斯博士惠允使用。——原注

采用的缩小因子和放置各分支的角度是可选择的。

树木清楚地表现出自相似这一概念，这是分形最显著的特征之一：一个物体是由其自身的几个更小的、可能重叠的复本组成的。

我们越来越多次地重复这条几何规则，那么图中的复本数量就随之增加，因而使图形变得越来越"拥挤"，从而这些部分中的一些往往会重叠。例如，对图 7.2 和图 7.3 中的这两棵树加以比较。这两棵树都是将上述分叉过程重复 14 次而得到的。对于图 7.2 中的这棵树，我们使用的缩小因子是 $\frac{4}{7}$，而对于图 7.3，我们使用的缩小因子是 $\frac{5}{7}$。可以看到，图 7.2 中的树采用了较小的缩小因子，从而有足够的空间容纳更多的分支，而不会发生重叠。图 7.3 所示的那棵树却并非如此。$\frac{5}{7}$ 这个因子没有使各分支缩到足够小，因而提供的生长空间不足以避免重叠了。

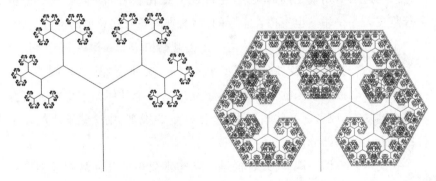

图 7.2　以缩小因子 $\frac{4}{7}$ 将 120° 分叉迭代 14 次得到的树

图 7.3　以缩小因子 $\frac{5}{7}$ 将 120° 分叉迭代 14 次得到的树

于是人们可能自然会问的一个问题是：当构造这样的分形时，选择什么样的角度或缩小因子会产生重叠的图形，而如何选择它们则不会重叠？

令人惊讶的是，对这个问题的探索将把我们引向我们现在已经很熟悉的黄金分割。

让我们更仔细地观察图 7.1 所示的分叉过程。我们从一条线段 k 开始，将它的长度规定为 1 个单位，并将其标记为 l_0。然后，我们在这条线段上再分支出另外两条线段,它们是 k 的缩小的复本。缩小因子由我们选择,我们将其称为 f。为了使各分支围绕分叉点均匀分布,我们将分支之间的角度设定为 $120°$(图7.4)。

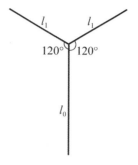

图 7.4 树状分形的第一阶段

我们将这两条新线段的长度标记为 l_1,因为这些线段是通过复制过程的一次迭代得到的。这两条新线段的长度为:

$$l_1 = l_0 \cdot f = 1 \cdot f = f$$

当我们再次迭代分叉过程时,就会得到四条新的线段,它们的长度为

$$l_2 = l_1 \cdot f = f \cdot f = f^2$$

第三次迭代将产生长度为 $l_3 = f^3$ 的线段,以此类推。一般而言,第 n 次迭代生成的线段长度为 f^n(见图7.5)。

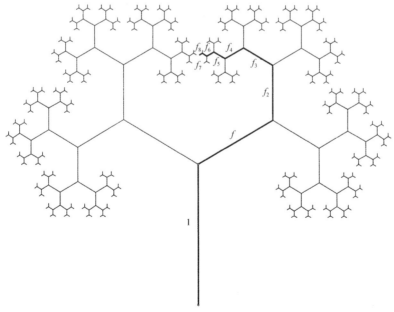

图 7.5 如果我们以长度 $l_0 = 1$ 的线段开始构建分形树,并使用缩小因子 f,那么第 n 次迭代生成的线段长度将为 f^n

如前所述,各分支是否重叠将取决于我们对 f 的选择。我们从图 7.2 和图 7.3 中看到,当 f 等于 $\dfrac{4}{7}$,即约等于 0.57 时,不会发生重叠,但如果我们选择 f 为 $\dfrac{5}{7}$,即约等于 0.71 时,那么树的分支会重叠。这导致我们猜测,在 $\dfrac{4}{7}$ 和 $\dfrac{5}{7}$ 之间应该存在一个实数,当将其用作缩小因子时,该实数会使树的分支轻微地触碰,但不发生重叠。让我们设法找到这样的一个数。

我们希望长度为 f^3, f^4, f^5, f^6, …的线段所形成的锯齿形正好位于图 7.6 中虚线所示的两根平行轴 o 和 p 之间。

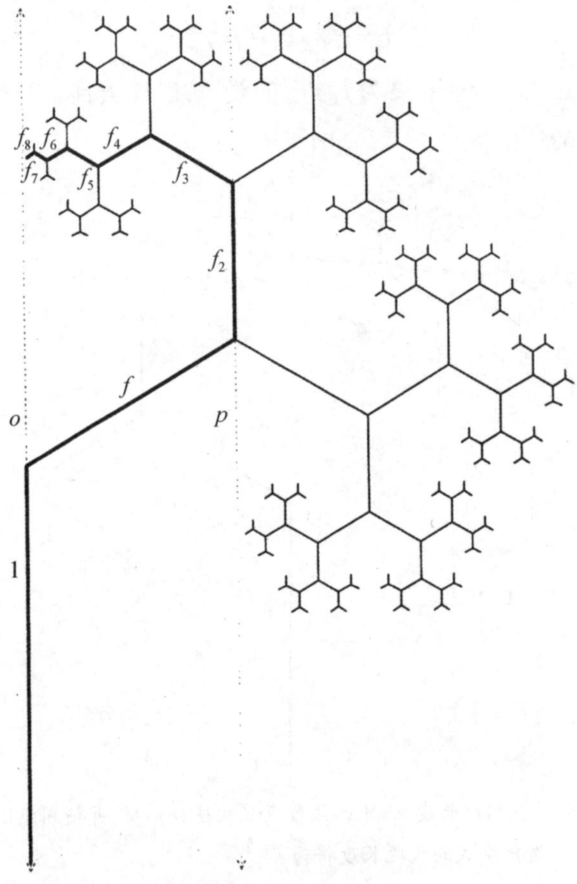

图 7.6

那么，这两条平行线之间的距离是多少？

从图7.7中可以看出，这个距离是长度为f的线段在直线r上的投影，即$f\sin 60°$。

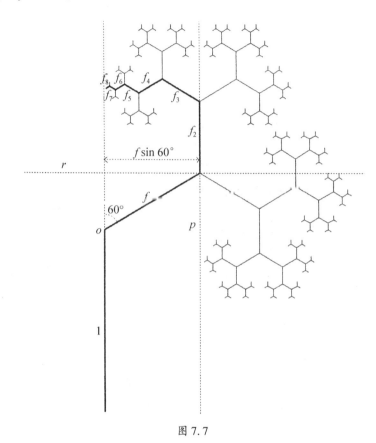

图 7.7

如果我们将锯齿形水平地"展平"，就会得到为使各分支接触但不重叠需要成立的方程：

$$f^3\sin 60°+f^4\sin 60°+f^5\sin 60°+f^6\sin 60°+\cdots=f\sin 60°$$

我们可以将方程两边除以$\sin 60°$将其简化：

$$f^3+f^4+f^5+f^6+\cdots=f$$

这个方程的左边可以改写为：$f^3(1+f+f^2+f^3+\cdots)$。括号中的和是一个几何级数，当f的值在0和1之间时，它收敛到$\dfrac{1}{1-f}$，而我们的缩小因子正好满足这一条件，因为根据图 7.2 和图 7.3，我们知道它必定介于 $\dfrac{4}{7}$ 和 $\dfrac{5}{7}$ 这两个值之间。

于是我们得到方程 $f^3\dfrac{1}{1-f}=f$。

我们能求出满足这个方程的 f 值吗？到目前为止，这个方程看起来不太熟悉，但我们可以将它进一步简化。如果我们将它的两边都除以 f，就得到

$$f^2\frac{1}{1-f}=1$$

最后，我们用 $1-f$ 乘其两边就得到

$$f^2=1-f$$

这个方程看起来比较熟悉了。这是二次方程 $f^2+f-1=0$，它的根是

$$f_{1,2}=-\frac{1}{2}\pm\frac{\sqrt{5}}{2}；\text{其中}\ f_1=\frac{\sqrt{5}}{2}-\frac{1}{2}=\frac{\sqrt{5}-1}{2}=\frac{1}{\phi}；f_2=-\frac{\sqrt{5}}{2}-\frac{1}{2}=-\frac{\sqrt{5}+1}{2}=-\phi$$

从而 $\dfrac{1}{\phi}=\dfrac{\sqrt{5}-1}{2}\approx 0.618\ 03$ 和 $-\phi=-\dfrac{\sqrt{5}+1}{2}=\dfrac{-\sqrt{5}-1}{2}\approx -1.618\ 03$

即黄金分割比的倒数和相反数。

于是我们再次发现惊人的黄金分割，这次是作为满足我们审美需求的最佳解决方案出现了。以黄金分割比的倒数作为缩小因子构建的分形树，其分支将尽可能多地覆盖空间，并且分支之间尽可能地彼此靠近，直到相互接触但不覆盖其他分支。

通过以这样或那样的方式使用黄金分割，还可以获得其他美丽的分形。例如，正方形分形的构建方式是从一个正方形开始，在其每个角上添加其缩小的复本。① 在后续的每一步中，要在新正方形的三个自由角上各添加一个缩小的复本。图 7.8 显示了这种分形在其构造中的第九阶

---

① 关于正方形分形的描述，请参见 Hans Walser, *The Golden Section*（first American edition published by the Mathematical Association of America, 2001）．——原注

段。这里使用的缩小系数是$\frac{4}{9}$。也就是说,在某一阶段增添的正方形边

长是前一阶段正方形边长的$\frac{4}{9}$。

图 7.8　正方形分形,第九阶段,缩小因子$\frac{4}{9}$

　　如果我们使用黄金分割比作为正方形分形中的正方形边长之比,那么得到的图案就是一幅精心制作的挂毯。这些正方形完美地贴合在一起,而且随着迭代的进行,我们可以看到图中描绘出了许多黄金矩形(图7.9)。与树状分形的情况一样,黄金分割比也是我们在正方形分形中找到的最佳拟合的比例。

图 7.9　正方形分形,第九阶段,缩小因子$\frac{1}{\phi} \approx 0.618\,03$

　　另一种可以将黄金分割与分形结合起来的方式是,在构造中有意选取那些我们知道其尺寸中包含着黄金分割比的几何图形。三个这样的图形是正五边形、底角为 36° 的等腰三角形和底角为 72° 的等腰三角形,我们将这两个三角形分别称为钝角黄金三角形和锐角黄金三角形(见第 4 章)。我们还可以利用这样一个事实:这些图形中的每一个都可以分割成其他正五边形和黄金三角形的一个组合,如图 7.10-13 所示。

　　一个正五边形可以被分成两个钝角黄金三角形和一个锐角黄金三角形,如图 7.10 所示。

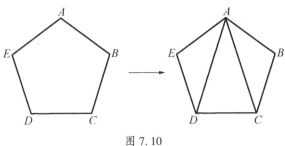

图 7.10

一个钝角黄金三角形(图 7.11)可以被分成一个正五边形和两个锐角黄金三角形。请注意,点 D 和 E 分别是这样得到的:令 $BD = AB$,$CE = AB$。

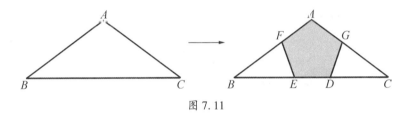

图 7.11

一个钝角黄金三角形也可以分成另外三个黄金三角形:两个钝角黄金三角形和一个锐角黄金三角形,如图 7.12 所示。

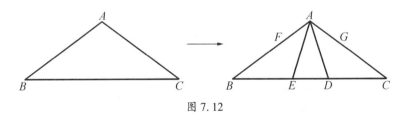

图 7.12

一个锐角黄金三角形(图 7.13)可以分成一个正五边形、三个锐角黄金三角形和一个钝角黄金三角形。请注意,点 Q 和点 S 分别是平分 72° 的∠ABC 和∠BCA 得到的。

从这些图形中,我们可以选择一个来开始我们的构造,然后决定一种分割它的方法,一种可以反复迭代的方法。作为第一个例子,让我们从一个钝角黄金三角形和图 7.12 所示的分割开始。

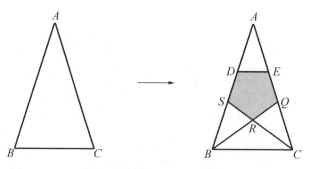

图 7.13

我们可以规定,我们的规则是以这种方式分割钝角黄金三角形,然后删除中间的那个锐角黄金三角形。每次迭代都需要在构造的任何阶段对每个钝角黄金三角形应用相同的规则。图 7.14 显示了应用该规则五次迭代后的结果。

自然与艺术中的美丽结构　黄金分割

图 7.14

如果我们再对图形加上其本身的旋转而得出的复本,如图 7.15 所示,那么这个结构就刚刚切合一个五边形的形状。

图 7.15

在图 7.16 中,我们从一个锐角黄金三角形开始生成一个分形。仔细查看一下就会发现如何从图 7.16 构建出图 7.17。

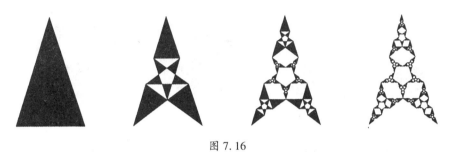

图 7.16

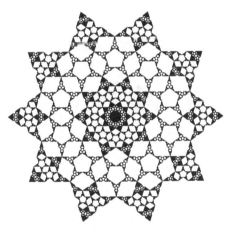

图 7.17

我们将考虑的下一个分形是根据一个五边形来构造的。图 7.18 给出了此构造的详细过程。

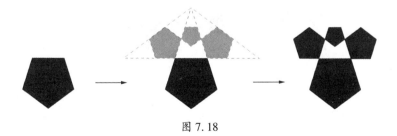

图 7.18

在图 7.19 中,我们将这个过程迭代了三次。请注意,在构造的第四阶段(第三次迭代),有一些五边形开始与其他五边形重叠了。

图 7.19

在图 7.20 中,我们能看到前五次迭代的结果。我们再次将这个图形绕一个点旋转以创造出对称性。

图 7.20

另一个包含五边形，因此也包含着黄金分割的分形是分形五边形。据说这个构形是德国艺术家丢勒①最先想到的。我们从一个正五边形开始。我们作它的各对角线并找到它们的交点。这些点将成为一个新的正五边形的各顶点(图 7.21)。为了构造出分形五边形，我们使用一些辅助圆在原五边形的每条边上标记两个点。图 7.21 展示了对其中的一条边实施该程序。图 7.22 显示了完整的构造过程。这一构造过程将用来生成我们要作的分形。对于构造这一分形的每一个阶段，我们将把该规则应用于此阶段的每个五边形。图 7.23 显示了构造分形五边形的前三次迭代。

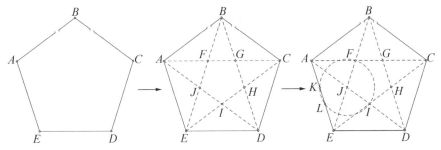

图 7.21　正五边形 ABCDE 的各对角线构成了一个新的正五边形 FGHIJ

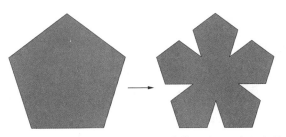

图 7.22　构造出分形五边形的生成过程。在每一阶段，我们都将这一过程应用于此阶段的每一个五边形

---

① 丢勒(Albrecht Dürer, 1471—1528)，文艺复兴时期德国油画家、版画家、雕塑家及艺术理论家。——译注

图 7.23 构造分形五边形过程中前三次迭代的结果

我们如何确定这些构造是分形？除了存在自相似性之外，分形的另一个特点是其维数可以是一个无理数。

刚才这句话可能讲不通，除非我们修改我们关于**维数**的概念。有许多方法可以定义几何对象的维数。大多数人对维度的了解是，一个点的维数是 0，一条线的维数是 1，平面图形的维数是 2，而立体图形的维数则是 3。如果只考虑到这些，可能就无法想象一个物体的维数是一个无理数。因此，为了理解这一断言，我们将简要地扩展一下我们原有的维数概念。

我们要采用的维数概念也称为相似维数。它是通过观察一个图形在放大一个线性因子 f 后会发生什么来计算的。我们将通过检查我们已知其维数的物体（一条线段、一个二维图形和一个三维图形）来设法理解这一概念。然后，一旦我们弄清楚了产生这些数的过程，我们就会用它来计算分形对象的维数。

让我们从一条长度为 l 的线段开始，然后得到它的一个放大了的复本。放大因子 f 可以是任意的数，例如 2。在这种情况下，复本的长度为 $2l$（图 7.24）。

图 7.24 将一条线段以线性因子 2 放大后产生原线段的两个复本

现在计算出维数的关键是要确定在放大后的图形中可以找到多少个原图的自相似复本。显然，在这种情况下，我们的这条放大后的线段中有原图的两个复本。

接下来，我们将会看到，如果用同一个因子 f 来放大一个正方形会发生什么。需要记住的一件重要的事情是,f是一个**线性**的放大因子。也就是说,如果我们选择 2 为这个因子,就会使新图形的长度加倍,而不是面积加倍。在这种情况下,这意味着我们将使正方形的边长加倍(图 7.25)。

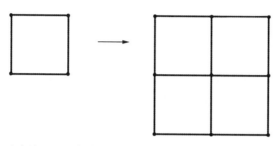

图 7.25　用线性因子 2 来放大一个正方形,这会给出原正方形的四个复本

我们可以看到,在这种情况下,以线性因子 2 放大后会产生原图形的四个复本。

最后,让我们来看看当我们将一个立方体(我们假设它有三个维度)以一个线性因子 f 放大后会发生什么。

图 7.26 表明,当我们将立方体的边长加倍时,新立方体本身就有原立方体的八个复本。

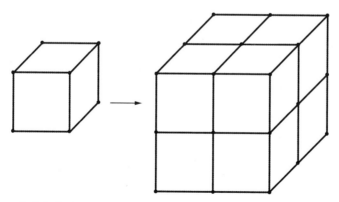

图 7.26　一个边长为原立方体边长 2 倍的立方体,其本身将包含原立方体的八个复本

表 7.1 汇总了我们得到的结果:

表 7. 1

图形	已知维数	用于放大的线性因子(f)	得到的复本数量
线段	1	2	2
正方形	2	2	4
立方体	3	2	8

从这张表中,你会注意到得到的复本数量可以改写为 f 的幂,而这些指数正是我们通常听说的维数:在线段的情况下是 1,正方形的情况下是 2,立方体的情况下是 3(见表 7. 2)。

表 7. 2

图形	已知维数	用于放大的线性因子(f)	得到的复本数量
线段	1	2	2^1
正方形	2	2	2^2
立方体	3	2	2^3

因此,如果我们将**维数**定义为当我们将自相似复本的数量写成线性放大因子的幂时所得到的指数,那么对于我们已知的上述三种情况,会得到同样的结果,而现在更为正式了。这只是对更为正式的维数定义(称为计盒维数)的一种简化方式。我们在这里就只论述这种简化方式。不过,要提一下,这种简化只能用于自相似图形。

让我们将这些考察的结果写成代数形式。我们将使用以下符号:

维数 $= d$

自相似复本的数量 $= N$

线性放大因子 $= f$

使用上述变量,我们可以写出以下等式:$N = f^d$。

现在让我们使用这种维数定义来计算图 7. 14 中的那个分形的维数。

图 7. 27 表明线性放大因子 ϕ 产生了原图的两个复本。如果我们注意到图中的三角形 ABC 是一个黄金三角形,因此它的边 AB 和边 AC 相互构成黄金分割,那么就能看出这一点。

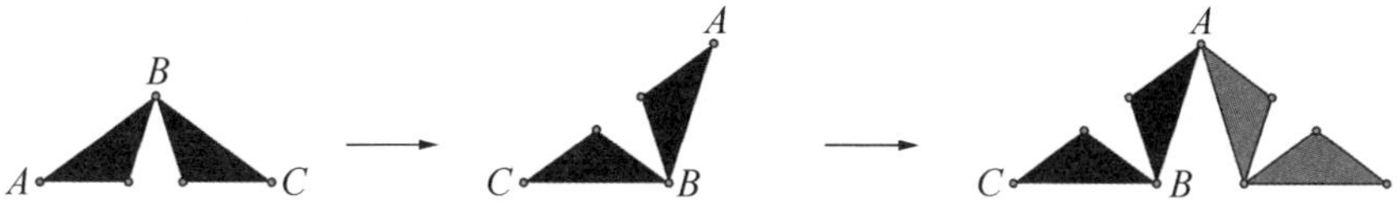

图 7.27

使用我们的维数公式,就能得到这个分形的维数:

$$N = f^d$$
$$2 = \phi^d$$

由于我们的未知量 d 是指数,为了求出它的值,我们需要对方程的两边取对数:

$$\ln 2 = \ln(\phi^d)$$

使用对数的一条熟知的性质,将上式变为

$$\ln 2 = d \ln \phi$$

如果我们将上式的两边都除以 $\log \phi$,就得到了 d 的值:

$$d = \frac{\ln 2}{\ln \phi} \approx 1.44$$

所以 d 是一个无理数。维数为无理数是分形的一个普遍特征。

这个数字也介于 1 和 2 之间(大约等于 1.44)。维数大于 1 但小于 2 是什么意思?维数等于 1 是线段的特征,即只有长度的对象所具有的特征。另一方面,二维对象则具有面积。1.44 这个维数似乎表明我们的分形不仅仅有长度,但也不完全有面积。

此时,有人可能会认为图 7.27 中的对象有一个面积。但我们必须记住,这些图示只是分形构建的初始阶段。实际的分形是在生成过程的无限次迭代之后获得的一个点集。

不过,既然我们可以计算出某一特定阶段的面积,那就让我们计算其中的几个阶段,并通过检查我们将发现的变化模式,从而推断出分形的面积。

我们还可以计算分形的周长,即其边界的长度。

表 7.3 显示了这个分形的前十个阶段的计算结果。

表 7.3

阶段	三角形的短边长	三角形的长边长	三角形个数	每个三角形的周长	每个三角形的面积	总周长	总面积
0	1. 0000	1. 6180	1	3. 6180	0. 4755	3. 6180	0. 4755
1	0. 6180	1. 0000	2	2. 2361	0. 1816	4. 4721	0. 3632
2	0. 3820	0. 6180	4	1. 3820	0. 0694	5. 5279	0. 2775
3	0. 2361	0. 3820	8	0. 8541	0. 0265	6. 8328	0. 2120
4	0. 1459	0. 2361	16	0. 5279	0. 0101	8. 4458	0. 1620
5	0. 0902	0. 1459	32	0. 3262	0. 0039	10. 4396	0. 1237
6	0. 0557	0. 0902	64	0. 2016	0. 0015	12. 9041	0. 0945
7	0. 0344	0. 0557	128	0. 1246	0. 0006	15. 9503	0. 0722
8	0. 0213	0. 0344	256	0. 0770	0. 0002	19. 7157	0. 0552
9	0. 0132	0. 0213	512	0. 0476	0. 0001	24. 3699	0. 0421

该表的构建在于我们认识到了这样一个事实:如果我们从钝角黄金三角形开始,它的短边长为一个单位长度,那么长边长就会等于 φ。在后续的每个阶段中,各边长都会以 $\frac{1}{\phi}$ 这一因子缩短。借助毕达哥拉斯定理和三角形面积公式,能计算出每个三角形的面积。某一特定阶段的总周长和总面积分别等于该阶段所有三角形的周长之和和面积之和。

图 7.28 和 7.29 中的图像帮助我们看到,在该分形的每个阶段,尽管其周长在增加,其面积却在减小。从长远来看,这个分形将具有无限的周长,但面积将等于零。难怪它的维数大于 1 但小于 2。正如我们所猜测的,1.44 这个维数意味着我们的分形虽然不仅仅有长度(维数为 1),但也不完全有面积(维数为 2)。

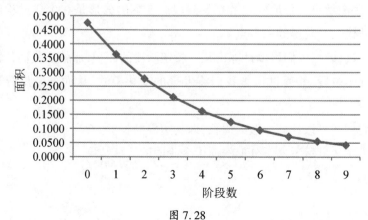

图 7.28

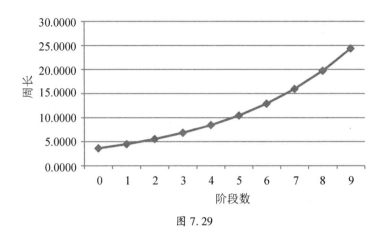

图 7.29

分形五边形的维数是多少？我们看到，在构造这个分形的每个阶段，该分形五边形会有越来越多的"洞"。这表明它的维数大于 1 但小于 2。让我们来看看是否能通过计算证实这一推测。

图 7.30 显示，当我们排列六个五边形复本以构成一个分形五边形图形时，相应的线性放大系数为 $1+\phi$。按照我们对前一个分形所使用的相同方式来计算维数，我们会发现此分形五边形的维数是 $\dfrac{\ln 6}{\ln (1+\phi)}$，这是一个大约等于 1.86 的无理数。

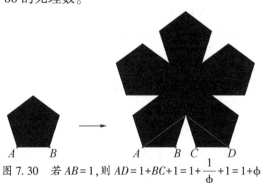

图 7.30 若 $AB=1$，则 $AD=1+BC+1=1+\dfrac{1}{\phi}+1=1+\phi$

在本章中，黄金分割被用来构造分形，这一事实是否使这种分形比其他分形更具视觉吸引力？事实可能并非如此。但研究这种分形中的数学关系，以及黄金分割在其中扮演如此重要的角色这一事实，肯定会令人心生敬畏。

总结性思考

在我们到达旅程的终点时，你必定完全相信了黄金分割是数学中的一种真正非凡的现象。它的出现既可能是有意为之，也可能是偶然所得。尽管我们必须从历史中获取线索，并且我们现代人的头脑也可以尽可能地重建这些碎片，但我们可以看到，这种关系已经渗透到社会的各个方面：结构上的、美学上的、生物学上的和数学上的，这为我们提供了一个巨大的、有待探索的领域。这个比例的历史非常令人着迷，我们追溯了它从远古时代一直到最近的种种表现。古人是否在所有情况下都意识到了这一比例，还是说我们推测他们在某种程度上意识到了？无论是哪种情况，在我们寻找这个比例的过程中，看到它在过去的各种组合与变化确实令人愉快。你很可能会在其他情景下发现这个比例。这样的可能性几乎是无穷无尽的。

到现在，你已经知道了如何通过分割一条线段，作一个黄金矩形、一个黄金三角形和一个正五边形来构造出这个比例，所有这些形状都清楚地显示出黄金分割。不过，我们还研究了其他一些几何构形，它们以某种形式呈现出黄金分割，其中许多是相当意外的出现。然而对于黄金分割的每一次意外出现，我们通常都会介绍一些对许多读者而言新的几何背景。我们希望这种探索能丰富你对几何的认识——这正是传统高中的几何课中极度缺乏的。

黄金分割比的数值之所以吸引人,主要是因为它无处不在。它与数学中的另一个结构之间最为著名的联系,也许就是它与斐波那契数之间的联系——两个相继斐波那契数之比接近黄金分割比或其倒数,而究竟是接近哪一个则取决于先后顺序。这给我们带来了黄金分割比的数值所具有的最不寻常的特征:它是唯一与自身的倒数相差 1 的数,即 $\phi = \frac{1}{\phi} + 1$。这使我们得出了 ϕ 是一个无理数,转而又开辟了另一个需要深入探究的领域。

　　黄金分割不仅出现在建筑和艺术中,它在整个植物界也随处可见。你现在很可能会到生物界中去寻找黄金分割的其他样本。我们刚刚为你打开了一扇大门,让你可以从中窥见这个舞台上的大量可能性。

　　最后一章展示了分形领域中的黄金分割,这一章可以被视为既是数学的也是艺术的。这使我们对数学中的这个最著名的比例的理解圆满了。这个比例与数学领域中的几乎所有事物都以某种形式联系在一起,因此用"黄金"这一称号来命名确实实至名归。所以现在就开始吧,扩展你对黄金分割的认识!

附录 对一些精选关系的证明和解释

第1章

二次方程求根公式的推导

二次方程 $ax^2+bx+c=0$（其中 $a>0$）可以用以下方式求出 x：

$$ax^2+bx+c=0$$

$$x^2+\frac{b}{a}x+\frac{c}{a}=0$$

$$x^2+\frac{b}{a}x+\left(\frac{b^2}{4a^2}-\frac{b^2}{4a^2}\right)+\frac{c}{a}=0$$

$$\left(x+\frac{b}{2a}\right)^2=\frac{b^2}{4a^2}-\frac{c}{a}\left(\text{等式的两边都加上}\frac{b^2}{4a^2}-\frac{c}{a}\right)$$

$$\left(x+\frac{b}{2a}\right)^2=\frac{b^2-4ac}{4a^2}（\text{将等式右边通分}）$$

$$\left|x+\frac{b}{2a}\right|=\sqrt{\frac{b^2-4ac}{4a^2}}=\frac{\sqrt{b^2-4ac}}{2a}（\text{等式的两边取平方根，注意绝对值}）$$

$$x_{1,2}=-\frac{b}{2a}\pm\frac{\sqrt{b^2-4ac}}{2a}=\frac{-b\pm\sqrt{b^2-4ac}}{2a}$$

因此，$x_{1,2}=\dfrac{-b\pm\sqrt{b^2-4ac}}{2a}$

第3章

证明 $\phi^n = F_n\phi + F_{n-1}$,其中 $n \geqslant 1, F_0 = 0$

我们首先证明,这个命题在 $n=1$ 时是成立的,然后通过数学归纳法来证明它对任意 n 都成立。

是的,在 $n=1$ 的情况下确实成立: $\phi^1 = F_1\phi + F_0 = 1 \cdot \phi + 0 = \phi$

对于 $n=2,3,4,5$ 的情况也是如此,如下所示:

$$\phi^2 = \phi + 1 = \phi + 1$$

$$\phi^3 = \phi\phi^2 = \phi(\phi+1) = \phi^2 + \phi = \phi + 1 + \phi = 2\phi + 1$$

$$\phi^4 = \phi\phi^3 = 2\phi^2 + \phi = 2\phi + 2 + \phi = 3\phi + 2$$

$$\phi^5 = \phi\phi^4 = \phi(3\phi+2) = 3\phi^2 + 2\phi = 3\phi + 3 + 2\phi = 5\phi + 3$$

接下来要做的是,我们接受它对于 $n=k$ 的情况成立: $\phi^k = F_k\phi + F_{k-1}$,然后证明它对 $n=k+1$ 的情况也成立,即 $\phi^{k+1} = F_{k+1}\phi + F_k$。

将上一段中的第一个等式乘 ϕ,我们得到: $\phi^{k+1} = F_k\phi^2 + F_{k-1}\phi$。

由于 $\phi^2 = \phi + 1$,我们有 $\phi^{k+1} = F_k\phi^2 + F_{k-1}\phi = F_k(\phi+1) + F_{k-1}\phi = (F_k + F_{k-1})\phi + F_k = F_{k+1}\phi + F_k$,这就是我们需要证明的。

关于连分数

正如我们之前所说,我们将生成一个等于 $\sqrt{2}$ 的连分数。

首先写出恒等式: $\sqrt{2}+2 = \sqrt{2}+2$。

将左边提取公因子,并将右边的 2 拆分: $\sqrt{2}(1+\sqrt{2}) = 1+\sqrt{2}+1$。

将两边都除以 $1+\sqrt{2}$,得到

$$\sqrt{2} = 1 + \frac{1}{1+\sqrt{2}} = [1; 1, \sqrt{2}]$$

将 $\sqrt{2}$ 用 $\sqrt{2} = 1 + \dfrac{1}{1+\sqrt{2}}$ 替换,并简化各项:

$$\sqrt{2} = 1 + \cfrac{1}{1+\left(1+\cfrac{1}{1+\sqrt{2}}\right)} = 1 + \cfrac{1}{2+\cfrac{1}{1+\sqrt{2}}} = [1; 2, 1, \sqrt{2}]$$

继续此过程,其模式现在就变得清晰了:

$$\sqrt{2}=1+\cfrac{1}{2+\cfrac{1}{2+\cfrac{1}{1+\sqrt{2}}}}=[1;2,2,1,\sqrt{2}]\text{,以此类推。}$$

最后,我们得出以下结论:

$$\sqrt{2}=1+\cfrac{1}{2+\cfrac{1}{2+\cfrac{1}{2+\cdots}}}=[1;2,2,2,\cdots]$$

于是我们就得到了 $\sqrt{2}$ 的一个周期连分数(即 $\sqrt{2}=[1;2,2,2,\cdots]=$ $[1;\overline{2}]$)。

有一些连分数等于一些著名的数,例如欧拉的 e($e=2.718\ 281\ 828$ $459\ 045\ 235\ 3\cdots$)[①]和著名的 π($\pi=3.141\ 592\ 653\ 589\ 793\ 238\ 4\cdots$):

$$e=2+\cfrac{1}{1+\cfrac{1}{2+\cfrac{1}{1+\cfrac{1}{1+\cfrac{1}{4+\cfrac{1}{1+\cfrac{1}{1+\cfrac{1}{6+\cdots}}}}}}}}$$

① 数字 e 是自然对数系的底。当 n 无限增大时,e 是数列 $\left(1+\cfrac{1}{n}\right)^{n}$ 的极限。符号 e 是 由欧拉于 1748 年引入的。1761 年,德国数学家朗伯(Johann Heinrich Lambert, 1728— 1777)证明了 e 是无理数,1873 年,法国数学家埃尔米特(Charles Hermite, 1822— 1901)证明了 e 是超越数。超越数是指不是任何整数多项式方程的根的数,这意味着 它不是任何次的代数数。这个定义保证了每个超越数也必定是无理数。——原注 参见《优雅的等式——欧拉公式与数学之美》,戴维·斯蒂普著,涂泓、冯承天 译,人民邮电出版社,2018;以及《从代数基本定理到超越数:一段经典数学的奇 幻之旅》,冯承天著,华东师范大学出版社,2019。——译注

$$=[2; 1, 2, 1, 1, 4, 1, 1, 6, 1, 1, 8, 1, 1, 10, \cdots] = [2; \overline{1, 2n, 1}]$$

这里有两种方法可以将 π 表示为连分数:[1]

$$\pi = \cfrac{4}{1+\cfrac{1^2}{2+\cfrac{3^2}{2+\cfrac{5^2}{2+\cfrac{7^2}{2+\cfrac{9^2}{2+\cdots}}}}}}$$

$$\frac{\pi}{2} = 1 + \cfrac{1}{1+\cfrac{1\times 2}{1+\cfrac{2\times 3}{1+\cfrac{3\times 4}{1+\cfrac{4\times 5}{1+\cdots}}}}}$$

有时,用来表示这些著名的数的连分数看起来并没有什么独特的模式:

$$\pi = 3 + \cfrac{1}{7+\cfrac{1}{15+\cfrac{1}{1+\cfrac{1}{292+\cfrac{1}{1+\cfrac{1}{1+\cfrac{1}{1+\cfrac{1}{2+\cfrac{1}{1+\cfrac{1}{3+\cdots}}}}}}}}}}$$

$$\pi = [3;7,15,1,292,1,1,1,2,1,3,1,14,2,1,1,2,2,2,2,1,84,2,\cdots]$$

① 关于 π 的各种表示,请参见《圆周率:持续数千年的数学探索》,阿尔弗雷德·S.波萨门蒂、英格玛·莱曼著,涂泓、冯承天译,上海科技教育出版社,2024。——原注

我们现在已经为黄金分割比的出场做好了准备。我们能否将这个与斐波那契相关的比例（$\phi = 1.618\,033\,988\,749\,894\,848\,2\cdots$）用连分数来表示呢？

比奈公式的证明

接下来你将找到一种简单的方法来表达比奈公式：

$$F_n = \frac{\phi^n - \psi^n}{\sqrt{5}}$$

其中 $\phi = \dfrac{\sqrt{5}+1}{2}, \psi = \dfrac{1-\sqrt{5}}{2}$。

请回忆一下 ϕ 和 ψ 之间存在的关系$\left(\text{因为 } \psi = -\dfrac{1}{\phi}\right)$：

$$\phi + \psi = 1$$

$$\phi - \psi = \sqrt{5}$$

$$\phi\psi = -1$$

下面我们将使用数学归纳法来证明比奈公式。

我们首先注意到

$$F_0 = \frac{1-1}{\sqrt{5}} = 0 \text{ 和 } F_1 = \frac{1+\sqrt{5}-(1-\sqrt{5})}{2\sqrt{5}} = 1$$

即在 $n = 0$ 和 $n = 1$ 的情况下，比奈公式成立。

接着，我们假设它对于 $n-2$ 和 $n-1$ 的情况成立。

由递归公式，我们有 $F_n = F_{n-1} + F_{n-2}$，因此我们必须证明

$$\frac{\phi^n - \psi^n}{\sqrt{5}} = \frac{\phi^{n-1} - \psi^{n-1}}{\sqrt{5}} + \frac{\phi^{n-2} - \psi^{n-2}}{\sqrt{5}}$$

因此只要证明 $\phi^{n-1} + \phi^{n-2} = \phi^n$ 和 $\psi^{n-1} + \psi^{n-2} = \psi^n$ 就足够了：

$$\phi^{n-1} + \phi^{n-2} = \left(\frac{1+\sqrt{5}}{2}\right)^{n-1} + \left(\frac{1+\sqrt{5}}{2}\right)^{n-2}$$

$$= \left(\frac{1+\sqrt{5}}{2}\right)^{n-2}\left(\frac{1+\sqrt{5}}{2}+1\right) = \left(\frac{1+\sqrt{5}}{2}\right)^{n-2}\left(\frac{3+\sqrt{5}}{2}\right)$$

$$= \left(\frac{1+\sqrt{5}}{2}\right)^{n-2} \left(\frac{1+\sqrt{5}}{2}\right)^2 = \left(\frac{1+\sqrt{5}}{2}\right)^n = \phi^n$$

因此，$\phi^{n-1}+\phi^{n-2}=\phi^n$，即为所求。用类似的方法证明 ψ 的相应结果。这两者共同完成了归纳法。

第4章

确定比例

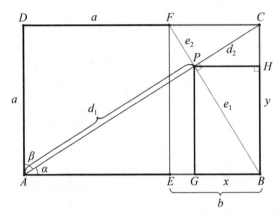

图 F.1

对 $\triangle ABC$ 应用毕达哥拉斯定理：

$$d = d_1 + d_2 = AC$$

$$= \sqrt{AB^2 + BC^2} = \sqrt{(a+b)^2 + a^2} = \sqrt{2 + \frac{2}{\phi} + \frac{1}{\phi^2}} \cdot a = \sqrt{\frac{5+\sqrt{5}}{2}} \cdot a$$

由 $\triangle ABP \backsim \triangle ACB$，可得 $\dfrac{AP}{AB} = \dfrac{AB}{AC}$，即 $\dfrac{d_1}{a+b} = \dfrac{a+b}{d}$，因此

$$d_1 = \frac{(a+b)^2}{d} = \frac{\left(1 + \dfrac{1}{\phi}\right)^2 \cdot a^2}{\sqrt{2 + \dfrac{2}{\phi} + \dfrac{1}{\phi^2}} \cdot a}$$

$$即\quad d_1 = \sqrt{\frac{5 + 2\sqrt{5}}{5}} \cdot a$$

由 $\triangle BCP \backsim \triangle ACB$，可得 $\dfrac{CP}{CB} = \dfrac{BC}{AC}$，即 $\dfrac{d_2}{a} = \dfrac{a}{d}$。

于是得到 $\qquad d_2 = \dfrac{a^2}{d} = \dfrac{a^2}{\sqrt{2 + \dfrac{2}{\phi} + \dfrac{1}{\phi^2}} \cdot a}$

$$即 \quad d_2 = \sqrt{\frac{5-\sqrt{5}}{10}} \cdot a$$

同理,沿着对角线 BF 有线段 e_1 和 e_2,这使我们能够得到 $\triangle BCP \backsim$

$\triangle ACB$,于是有 $\dfrac{BP}{BC} = \dfrac{AB}{AC}$,即 $\dfrac{e_1}{a} = \dfrac{a+b}{d}$。

因此, $\qquad e_1 = \dfrac{a(a+b)}{d} = \dfrac{\left(1+\dfrac{1}{\phi}\right) \cdot a^2}{\sqrt{2+\dfrac{2}{\phi}+\dfrac{1}{\phi^2}} \cdot a}$

即 $\qquad e_1 = \sqrt{\dfrac{5+\sqrt{5}}{10}} \cdot a$

此外,$\triangle CFP \backsim \triangle ACB$,于是有 $\dfrac{FP}{CP} = \dfrac{BC}{AB}$,即 $\dfrac{e_2}{d_2} = \dfrac{a}{a+b}$

即 $\qquad e_2 = \dfrac{ad_2}{a+b} = \dfrac{\dfrac{1}{\sqrt{2+\dfrac{2}{\phi}+\dfrac{1}{\phi^2}}} \cdot a^2}{\left(1+\dfrac{1}{\phi}\right) \cdot a}$

简化后得到 $e_2 = \sqrt{\dfrac{5-2\sqrt{5}}{5}} \cdot a$。

据此我们可以在 AB 和 BC 边上确定 BG 的长度 x 和 BH 的长度 y:

由 $\triangle PBG \backsim \triangle ACB$,可得 $\dfrac{BG}{BP} = \dfrac{BC}{AC}$,即 $\dfrac{x}{e_1} = \dfrac{a}{d}$,于是得到

$$x = \dfrac{ae_1}{d} = \dfrac{\dfrac{1+\dfrac{1}{\phi}}{\sqrt{2+\dfrac{2}{\phi}+\dfrac{1}{\phi^2}}} \cdot a^2}{\sqrt{2+\dfrac{2}{\phi}+\dfrac{1}{\phi^2}} \cdot a} = \dfrac{\sqrt{5}}{5} \cdot a$$

即 $\qquad x = \dfrac{\sqrt{5}}{5} \cdot a$

对 $\triangle BHP$ 应用毕达哥拉斯定理,得到

$$y = BH = \sqrt{BP^2 - HP^2} = \sqrt{e_1^2 - x^2} = \sqrt{\frac{5+\sqrt{5}}{10} - \frac{5}{25}} \cdot a$$

即

$$y = \frac{5+\sqrt{5}}{10} \cdot a$$

这样,我们现在就有

$$AG = AB - BG = a + b - x = a + \frac{a}{\phi} - \frac{\sqrt{5}}{5} \cdot a = \frac{5+3\sqrt{5}}{10} \cdot a$$

$$CH = BC - BH = a - y = a - \frac{5+\sqrt{5}}{10} \cdot a = \frac{5-\sqrt{5}}{10} \cdot a$$

$$EG = BE - BG = b - x = \frac{a}{\phi} - \frac{\sqrt{5}}{5} \cdot a = \left(\frac{\sqrt{5}-1}{2} - \frac{\sqrt{5}}{5}\right) \cdot a = \frac{3\sqrt{5}-5}{10} \cdot a$$

因此,下列两段线段长度为我们提供了黄金分割比:

$$\frac{a+b}{a} = \frac{a}{b} = \frac{d_1}{e_1} = \frac{d_2}{e_2} = \frac{a+b-x}{y} = \frac{y}{x} = \frac{a-y}{b-x} = \phi = \frac{\sqrt{5}+1}{2}$$

最终,我们得到 $\dfrac{d_1}{d_2} = \dfrac{e_1}{e_2} = \phi^2 = \phi + 1 = \dfrac{\sqrt{5}+3}{2}$。

证明当两个相互垂直的全等矩形为黄金矩形时,它们构成的阴影区域具有最大面积[1]

我们的两个矩形给出 $AB = CD = FG = EH = a$,$AD = BC = EF = GH = b$,$AM = BM = EM = FM = r$,以及如图 F.2 所示:$\alpha = \angle AMB$,$\beta = \angle EMF$。根据对称性,$\beta = \angle EMF = \angle AMD$。因此,$\alpha + \beta = \angle AMB + \angle AMD = 180°$,因为 BD 是矩形 $ABCD$ 的对角线。

图 F.2 中的阴影区域实际上由原来的矩形 $ABCD$ 和两个边长为 EF 和 JK 的矩形组成。

---

① Dietrich Reuter, "'Goldene Terme,' nicht nur am regulären Fünf— und Zehneck," *Praxis der Mathematik* 26(1984):298–302. 其中选择了另一种方法来解答这个问题。——原注

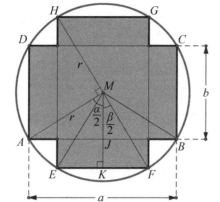

图 F.2

阴影区域(图 F.2)的实际面积,等于 $ab+2 \cdot \dfrac{a-b}{2} \cdot b = ab+(a-b)b =$ $2ab-b^2$。

对 $\triangle AJM$ 应用毕达哥拉斯定理,得到 $AM^2 = AJ^2 + JM^2$,这就相当于

$$r^2 = \frac{a^2}{4} + \frac{b^2}{4}, \text{即 } a = \sqrt{4r^2 - b^2}$$

在 $\triangle AJM$ 中:$\sin\dfrac{\alpha}{2} = \dfrac{AJ}{AM} = \dfrac{\dfrac{a}{2}}{r} = \dfrac{a}{2r}$,因此 $a = 2r\sin\dfrac{\alpha}{2}$。

在 $\triangle EKM$ 中:$\sin\dfrac{\beta}{2} = \dfrac{EK}{EM} = \dfrac{\dfrac{b}{2}}{r} = \dfrac{b}{2r}$,因此 $b = 2r\sin\dfrac{\beta}{2}$,$\cos\dfrac{\beta}{2} = \dfrac{MK}{EM} = \dfrac{\dfrac{a}{2}}{r}$ $= \dfrac{a}{2r}$。

由 $\alpha = 180° - \beta$,或另一种形式 $\dfrac{\alpha}{2} = 90° - \dfrac{\beta}{2}$,以及 $\sin\left(90° - \dfrac{\beta}{2}\right) = \cos\dfrac{\beta}{2}$,我们可以得到 $\sin^2\dfrac{\beta}{2} = \dfrac{1-\cos\beta}{2}$。

阴影区域的面积 $= 2ab - b^2 = 2b\sqrt{4r^2-b^2} - b^2$

$$= 2 \cdot 2r\sin\frac{\beta}{2}\sqrt{4r^2 - \left(2r\sin\frac{\beta}{2}\right)^2} - \left(2r\sin\frac{\beta}{2}\right)^2$$

$$= 2 \cdot 2r\sin\frac{\beta}{2} \cdot 2r\sqrt{1-\sin^2\frac{\beta}{2}} - 4r^2\sin^2\frac{\beta}{2}$$

$$= 4r^2\left(2\sin\frac{\beta}{2} \cdot \cos\frac{\beta}{2} - \sin^2\frac{\beta}{2}\right)$$

$$= 4r^2\left(\sin\beta + \frac{\cos\beta}{2} - \frac{1}{2}\right)$$

$$= 4r^2 \cdot f(\beta)$$

系数 $4r^2$ 对阴影区域取最大面积没有什么影响。因此,我们重点要关注的是剩下的那个因子:$f(\beta) = \sin\beta + \dfrac{\cos\beta}{2} - \dfrac{1}{2}$,我们必须得到该式的最大值。

f 对 β 求导数,然后令其等于 0,得到

$$f'(\beta) = \frac{\mathrm{d}f}{\mathrm{d}\beta} = \cos\beta - \frac{\sin\beta}{2} = 0$$

即
$$\cos\beta = \frac{\sin\beta}{2} \Rightarrow \frac{\sin\beta}{\cos\beta} = \tan\beta = 2 \Rightarrow \beta = \arctan 2$$

这就是得到最大面积所需满足的条件,为此,我们需要表明在 $0 < \beta < 180°$ 的情况下,$\beta = \arctan 2 \approx 1.107$(弧度)$\approx 63.4°$。

这个值与黄金分割的关系,可以由下式导出:

$$2 = \tan\beta = \frac{\sin\beta}{\cos\beta} = \frac{2\sin\frac{\beta}{2}\cos\frac{\beta}{2}}{\cos^2\frac{\beta}{2} - \sin^2\frac{\beta}{2}} = \frac{2 \cdot \frac{a}{2r} \cdot \frac{b}{2r}}{\left(\frac{a}{2r}\right)^2 - \left(\frac{b}{2r}\right)^2} = \frac{2ab}{a^2 - b^2}$$

上式也可写成

$$2(a^2 - b^2) = 2ab \qquad 即 \qquad a^2 - ab - b^2 = 0$$

由此可解得

$$\frac{a}{b} = \phi \Rightarrow \frac{b}{a} = \frac{2r\sin\frac{\beta}{2}}{2r\cos\frac{\beta}{2}} = \tan\frac{\beta}{2} = \frac{\sqrt{5}-1}{2} = \frac{1}{\phi} \Rightarrow \beta = 2\arctan\frac{1}{\phi}$$

二阶导数 $f''(\beta) = -\sin\beta - \dfrac{\cos\beta}{2}$ 在这一点处小于零，$f''(\beta) = f''(\arctan 2) =$

$-\dfrac{\sqrt{5}}{2} < 0$，所以最大值出现在 $\beta = \arctan 2 = 2\arctan\dfrac{1}{\phi} \approx 63.4°$。

由于 $\dfrac{a}{b} = \phi$，我们得到的是一个黄金矩形。

阴影区域的面积 $= 2ab - b^2 = (2\sqrt{5} - 2) \cdot r^2 \approx 2.472\,135\,954 \cdot r^2$。

阴影区域覆盖的面积约为此圆面积的 78.7%。

它们的面积之比为 ϕ 比 $\dfrac{4}{\pi}$，即

$$\frac{\text{圆面积}}{\text{阴影区域面积}} = \frac{\pi r^2}{(2\sqrt{5}-2)r^2} = \frac{\pi}{4} \cdot \phi = \frac{\phi}{\dfrac{4}{\pi}}$$

证明黄金分割比存在于五边形和五角星的各部分中

我们可以使用多种方法来证明。这里我们给出下列两种选择。

选择 1：

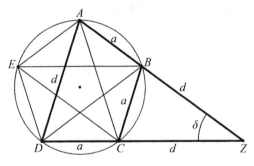

图 F.3

由 $\triangle ADZ \backsim \triangle BCZ$，可得 $\dfrac{AD}{BC} = \dfrac{DZ}{CZ} = \dfrac{CD+CZ}{CZ} = \dfrac{CD+AC}{AC}$，或者使用图 F.3

中标示出的长度①,我们可以将其写成

$$\frac{d}{a} = \frac{a+d}{d}$$

由此得到 $d^2 - ad - a^2 = 0$,或者

$$\left(\frac{d}{a}\right)^2 - \frac{d}{a} - 1 = 0$$

如果我们将 $\dfrac{d}{a}$ 记为 x,就得到那个(到现在)已经非常著名的黄金分

割方程:$x^2 - x - 1 = 0$,我们知道其中 $x = \phi = \dfrac{d}{a}$,或 $d = \phi a$。

选择 2:

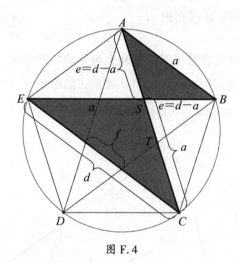

图 F.4

① $AE = a$(五边形的边)

$AD = d$(五边形的对角线或五角星的边)

$AM = r$(外接圆的半径)

$FM = \rho$(内切圆的半径)

$AF = b$(五边形的高;也平分对边和 $\angle DAC$)

$AG = c$(△ABE 和 △ARS 的高、垂直平分线和角平分线)

$AR = e$(五角星边的突出部分)

$RS = f$(较小五边形的边)

见图 4.52。——原注

这次我们将使用下列相似三角形: $\triangle ABS \backsim \triangle CES$,由此可得 $\dfrac{EC}{CS}=\dfrac{AB}{BS}=$

$\dfrac{AB}{BE-ES}$ 。使用图 F.4 中标示出的长度,我们可以将其写成

$$\frac{d}{a}=\frac{a}{d-a}, \text{或 } d^2-ad-a^2=0$$

将上式两边都除以 a^2 ,得到

$$\left(\frac{d}{a}\right)^2-\frac{d}{a}-1=0$$

我们再次得到了黄金分割方程,以类似的方式,我们得到 $d=a\phi$ 。

我们还可以从图 F.4 中看到, $a=e+f, d=a+e=2e+f$ 。因此 $\dfrac{CS}{AS}=\dfrac{u}{d-a}=$

ϕ ,这给出了: $a=\phi\cdot(d-a)$,或者换一种方式表示: $e=(d-a)=\dfrac{a}{\phi}$,或

$a=e\phi$ 。

点 T 将 AC 分成黄金分割,因此有

$$ST=f=a-e=AT-AS=a-\frac{a}{\phi}=a\left(1-\frac{1}{\phi}\right)=\frac{a}{\phi^2}$$

或者换一种方式,我们也可以说 $a=f\phi^2$ 。

由此可得, e 和 f 也符合黄金分割:

$$\frac{e}{f}=\frac{AS}{ST}=\frac{\dfrac{a}{\phi}}{\dfrac{a}{\phi^2}}=\phi$$

也就是说, $e=f\phi$ 。

此外,我们还可以确定两个相继五边形($ABCDE$ 和 $PQRST$)的边长满足(见图 4.59):

$$\frac{a}{f}=\frac{a}{\dfrac{a}{\phi^2}}=\phi^2$$

这给出了 $a=f\phi^2$，或 $f=\dfrac{a}{\phi^2}$。

我们可以将 $\triangle ACD$ 的高 $b=AF$ 表示为

$$b=d\cdot\cos\frac{\alpha}{2}=a\phi\cdot\cos\frac{36°}{2}=\sqrt{\frac{5+\sqrt{5}}{8}}\cdot a\phi=\sqrt{5+2\sqrt{5}}\cdot\frac{a}{2}=\phi\sqrt{\phi^2+1}\cdot\frac{a}{2}$$

又一次，我们在这个构形中看到了无处不在的黄金分割比！

等式 $\sqrt{5+2\sqrt{5}}=\sqrt{25+10\sqrt{5}}-\sqrt{10+2\sqrt{5}}$ 的证明

为了证明等式 $\sqrt{5+2\sqrt{5}}=\sqrt{25+10\sqrt{5}}-\sqrt{10+2\sqrt{5}}$，我们首先对等式两边取平方，试图表明这一相等关系：

$$
\begin{aligned}
5+2\sqrt{5} &= \left(\sqrt{25+10\sqrt{5}}-\sqrt{10+2\sqrt{5}}\right)^2\\
&= 25+10\sqrt{5}+10+2\sqrt{5}-2\sqrt{25+10\sqrt{5}}\times\sqrt{10+2\sqrt{5}}\\
&= 25+10\sqrt{5}+10+2\sqrt{5}-2\sqrt{250+100+100\sqrt{5}+50\sqrt{5}}\\
&= 25+10\sqrt{5}+10+2\sqrt{5}-2\sqrt{350+150\sqrt{5}}\\
&= 35+12\sqrt{5}-2\sqrt{\left(15+5\sqrt{5}\right)^2}\\
&= 35+12\sqrt{5}-2(15+5\sqrt{5})\\
&= 5+2\sqrt{5}
\end{aligned}
$$

五边形的旋转——对一些结论的证明

利用图 F.5，我们将更详细地观察这里实际上发生了什么，从而使我们能够得到第 4 章中的结论。[①] 首先绕点 A_5 旋转 72°，我们发现 A_1 转到了 B_2，A_2 转到了 B_3，A_3 转到了 B_4，A_4 转到了 B_5，而 A_5 停留在 B_1。旋转角度为 $\angle A_4A_5B_5=72°$，因为五边形的每个角都是 108°。等腰三角形 $A_1A_5B_2$ 中，$A_1A_5=A_5B_2=a$，角度 $\alpha=\angle A_1A_5B_2=72°$，$\angle A_5A_1B_2=\angle A_1B_2A_5=54°$。于是我们可以推断出，继续这个过程会得到 $\angle B_2A_1E=\angle DEA_1$，或者在图 4.64 中，我们得到 $\angle BAE=\angle AED=54°$。顺便说一句，这也表明了五边形

[①] Duane W. DeTemple, "A Pentagonal Arch," *Fibonacci Quarterly* 12, no. 3 (1974)：S235-36. 然而，我们的处理与文章中所给出的不同。——原注

的中心点 M 必须在 A_1B_2 上(图 F.5),或者如我们在上文中对图 4.64 所说的,M 必定在 AB 上,因为它平分 $\angle A_2A_1A_5$。

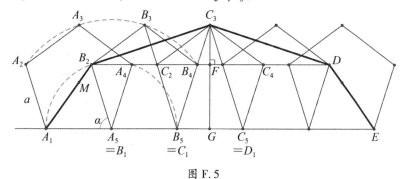

图 F.5

如果我们对 $\triangle A_1A_5B_2$ 应用余弦定理[①],就得到

$$A_1B_2{}^2 = A_1A_5{}^2 + A_5B_2{}^2 - 2\,A_1A_5 \cdot A_5B_2 \cdot \cos \angle A_1A_5B_2$$

$$= a^2 + a^2 - 2a^2 \cdot \cos\alpha = 2a^2(1-\cos\alpha) = 2a^2(1-\cos 72°)$$

$$= 2a^2\left(1 - \frac{\sqrt{5}-1}{4}\right) = 2a^2\left(1 - \frac{1}{2\phi}\right)$$

因此,$AB = A_1B_2 = \sqrt{\dfrac{5-\sqrt{5}}{2}} \cdot a = \sqrt{3-\phi} \cdot a$ (见图 4.64)。

五边形 $C_1C_2C_3C_4C_5$ 的对角线 $d = C_2C_4$ 被点 F 平分。

我们有 $d = a \cdot \dfrac{\sqrt{5}+1}{2} = \phi \cdot a$,因此,$C_2F = \dfrac{d}{2} = \dfrac{\phi \cdot a}{2}$。

对 $\mathrm{Rt}\triangle C_2C_3F$ 应用毕达哥拉斯定理,可以得到

$$C_3F = \sqrt{C_2C_3^2 - C_2F^2} = \sqrt{a^2 - \left(\frac{d}{2}\right)^2} = \sqrt{a^2 - \frac{\phi^2 \cdot a^2}{4}}$$

$$= \frac{a}{2} \cdot \sqrt{4-\phi^2} = \frac{a}{2} \cdot \sqrt{4-(\phi+1)} = \frac{a}{2} \cdot \sqrt{3-\phi}$$

也可以表示为 $C_3F = \sqrt{\dfrac{5-\sqrt{5}}{8}} \cdot a = \sqrt{\dfrac{5-\sqrt{5}}{2}} \cdot \dfrac{a}{2}$

———————————

① 余弦定理是三角形的角与边之间的一个关系,即:$c^2 = a^2 + b^2 - 2ab\cos C$。当角 C 为 90°时,$\cos 90° = 0$,我们就得到毕达哥拉斯定理。——原注

我们现在已经证明了 $C_3F = \sqrt{3-\phi} \cdot \dfrac{a}{2}$，并且之前还证明了 $A_1B_2 =$

$\sqrt{3-\phi} \cdot a$，因此我们现在可以推断出 $C_3F = \dfrac{A_1B_2}{2}$。

由于 $\angle A_5B_5B_3 = \angle A_5B_5C_2 = 72°$，我们得出 C_2 在对角线 B_3B_5 上。

请回忆一下，C_2 将对角线 B_2B_4 分成黄金分割。

我们知道 $\triangle B_2B_3C_2$ 是一个黄金三角形，由此可以推断出

$$B_2C_2 = \frac{B_2B_4}{\phi} = \frac{d}{\phi} = \frac{\phi \cdot a}{\phi} = a$$

于是得到

$$B_2F = B_2C_2 + C_2F = a + \frac{d}{2} = a + \frac{\phi \cdot a}{2} = \left(1 + \frac{\phi}{2}\right) \cdot a = \frac{\sqrt{5}+5}{4} \cdot a$$

我们现在对 $\mathrm{Rt}\triangle B_2C_3F$ 应用毕达哥拉斯定理，得到

$$BC = B_2C_3 = \sqrt{B_2F^2 + C_3F^2} = \sqrt{\left(\frac{\sqrt{5}+5}{4}a\right)^2 + \left(\frac{\sqrt{5-\sqrt{5}}}{8}a\right)^2}$$

$$= \sqrt{\frac{5+\sqrt{5}}{2}} \cdot a = \sqrt{2+\phi} \cdot a$$

由此可得

$$\frac{BC}{AB} = \frac{B_2C_3}{A_1B_2} = \frac{\sqrt{\dfrac{5+\sqrt{5}}{2}} \cdot a}{\sqrt{\dfrac{5-\sqrt{5}}{2}} \cdot a} = \frac{\sqrt{5+\sqrt{5}}}{\sqrt{5-\sqrt{5}}} = \phi$$

由于对称性，我们有 $\dfrac{CD}{DE} = \phi$，这就是我们一开始要证明的。

当我们试图比较面积时，让我们考虑那个看起来很奇怪的五边形 $ABCDE$（或图 F. 5 中的 $A_1B_2C_3DE$）。这个五边形的面积是梯形 A_1B_2DE 和等腰三角形 B_2C_3D 的面积之和。原五边形 $A_1A_2A_3A_4A_5$ 的面积为

$$\text{原五边形 } A_1A_2A_3A_4A_5 \text{ 的面积} = \frac{\sqrt{25+10\sqrt{5}}}{4} \cdot a^2$$

$$= \sqrt{25+10\sqrt{5}} \cdot \frac{a^2}{4} \text{(见第 4 章)}$$

对于 $\triangle B_5 C_3 G$ 的高 $h = C_3 G$，我们有

$$h = d \cdot \cos \angle B_5 C_3 G = a\phi \cdot \cos \frac{36°}{2} = \sqrt{\frac{5+\sqrt{5}}{8}} \cdot a\phi = \sqrt{5+2\sqrt{5}} \cdot \frac{a}{2}$$

于是梯形 $A_1 B_2 DE$ 的高为

$$FG = C_3 G - C_3 F = \sqrt{5+2\sqrt{5}} \cdot \frac{a}{2} - \sqrt{\frac{5-\sqrt{5}}{2}} \cdot \frac{a}{2} = \sqrt{\frac{5+\sqrt{5}}{2}} \cdot \frac{a}{2}$$

对于 $B_2 D$，我们有

$$B_2 D = B_2 F + FD = 2B_2 F = \frac{2(\sqrt{5}+5)}{4} \cdot a = \frac{\sqrt{5}+5}{2} \cdot a$$

于是梯形 $A_1 B_2 DE$ 的面积就是

梯形 $A_1 B_2 DE$ 的面积 $= \frac{1}{2}(A_1 E + B_2 D) \cdot FG$

$$= \frac{1}{2}(5a + \frac{\sqrt{5}+5}{2} \cdot a) \cdot \frac{a}{2} \cdot \sqrt{\frac{5+\sqrt{5}}{2}}$$

$$= \sqrt{\frac{95\sqrt{5}+325}{32}} \cdot a^2 = \sqrt{\frac{5\sqrt{5}(19+13\sqrt{5})}{2}} \cdot \frac{a^2}{4}$$

$\triangle B_2 C_3 D$ 的面积为

$$S_{\triangle B_2 C_3 D} = \frac{1}{2} B_2 D \cdot C_3 F = \frac{1}{2} \cdot \frac{\sqrt{5}+5}{2} \cdot a \cdot \frac{a}{2} \cdot \sqrt{\frac{5-\sqrt{5}}{2}}$$

$$= \sqrt{\frac{5\sqrt{5}+25}{32}} \cdot a^2 = \sqrt{\frac{5(5+\sqrt{5})}{2}} \cdot \frac{a^2}{4}$$

那个看起来很奇怪的五边形 $A_1 B_2 C_3 DE$ 的面积是

五边形 $A_1 B_2 C_3 DE$ 的面积 = 梯形 $A_1 B_2 DE$ 的面积 + 三角形 $B_2 C_3 D$ 的
面积

$$= \frac{a^2}{4} \cdot \sqrt{\frac{5\sqrt{5}(19+13\sqrt{5})}{2}} + \frac{a^2}{4} \cdot \sqrt{\frac{5(5+\sqrt{5})}{2}}$$

$$= \frac{a^2}{4} \cdot \sqrt{225+90\sqrt{5}} = \frac{a^2}{4} \cdot \sqrt{45\sqrt{5}\,(2+\sqrt{5})}$$

这相当于原五边形 $A_1A_2A_3A_4A_5$ 的面积

$$\sqrt{5(5+2\sqrt{5})} \cdot \frac{a^2}{4}$$

的 3 倍，而这就是我们希望证明的。

一个立方体的屋顶状盖子的高的计算

如图 $F.6$ 所示，考虑 $\mathrm{Rt}\triangle APR$，它的两条直角边长分别为 $AP = \dfrac{d}{2}$ 和 $PR = h'$，斜边 $AR = a$。我们还有从 R 到立方体表面的高 RQ，这样就构成了 $\mathrm{Rt}\triangle PQR$，其直角边 $PQ = x$，$QR = h$，斜边 $PR = h'$。立方体的棱（d）是边长为 a 的五边形的对角线，因此 $d = \phi a$。又因为 $d-2x = a$，我们得到

$$x = \frac{d-a}{2} = \frac{\phi a - a}{2} = \frac{a}{2}\,(\phi - 1) = \frac{a}{2} \cdot \frac{1}{\phi} = \frac{a}{2\phi}$$

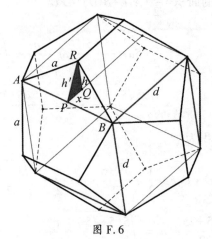

图 F.6

我们两次应用毕达哥拉斯定理，第一次由 $PR^2 = h'^2 = AR^2 - AP^2 = a^2 - \dfrac{d^2}{4} = a^2\left(1 - \dfrac{\phi^2}{4}\right)$，得到高

$$h' = \frac{a}{2} \cdot \frac{\sqrt{\phi^2+1}}{\phi}$$

然后再应用一次：

$$QR^2 = h^2 = PR^2 - PQ^2 = h' - x^2 = \frac{a^2}{4} \cdot \frac{\phi^2+1}{\phi^2} - \frac{a^2}{4\phi^2} = \frac{a^2}{4\phi^2}\left(\phi^2+1-1\right) = \frac{a^2}{4}$$

于是 $h = \dfrac{a}{2}$。

如果那个内接立方体的棱长等于 1，即 $d=1$，那么我们立即得到 $a = \dfrac{d}{\phi} = \dfrac{1}{\phi}$，于是得到 $h = \dfrac{a}{2} = \dfrac{1}{2\phi}$。

用黄金分割来表示的更多三角关系

（a） $\sin 18° = \dfrac{\sqrt{5}-1}{4} = \dfrac{1}{2\phi} = \dfrac{1}{2}\sqrt{1-\dfrac{1}{\phi}}$

$\sin 36° = \sqrt{\dfrac{5-\sqrt{5}}{8}} = \dfrac{1}{2}\sqrt{\dfrac{5-\sqrt{5}}{2}} = \dfrac{1}{2}\dfrac{\sqrt{\phi^2+1}}{\phi} = \dfrac{1}{2}\sqrt{2-\dfrac{1}{\phi}}$

$\sin 54° = \dfrac{\sqrt{5}+1}{4} = \dfrac{\phi}{2} = \dfrac{1}{2}\sqrt{1+\phi}$

$\sin 72° = \sqrt{\dfrac{5+\sqrt{5}}{8}} = \dfrac{1}{2}\sqrt{\dfrac{5+\sqrt{5}}{2}} = \dfrac{1}{2}\sqrt{\phi^2+1} = \dfrac{1}{2}\sqrt{2+\phi}$

（b） $\cos 18° = \sin\left(90°-18°\right) = \sin 72° = \sqrt{\dfrac{5+\sqrt{5}}{8}} = \dfrac{1}{2}\sqrt{\phi^2+1} = \dfrac{1}{2}\sqrt{2+\phi}$

$\cos 36° = \sin\left(90°-36°\right) = \sin 54° = \dfrac{\sqrt{5}+1}{4} = \dfrac{\phi}{2} = \dfrac{1}{2}\sqrt{1+\phi}$

$\cos 54° = \sin\left(90°-54°\right) = \sin 36° = \sqrt{\dfrac{5-\sqrt{5}}{8}} = \dfrac{1}{2}\dfrac{\sqrt{\phi^2+1}}{\phi} = \dfrac{1}{2}\sqrt{2-\dfrac{1}{\phi}}$

$\cos 72° = \sin\left(90°-72°\right) = \sin 18° = \dfrac{\sqrt{5}-1}{4} = \dfrac{1}{2\phi} = \dfrac{1}{2}\sqrt{1-\dfrac{1}{\phi}}$

（c） $\tan 18° = \dfrac{\sin 18°}{\cos 18°} = \sqrt{\dfrac{5-2\sqrt{5}}{5}} = \dfrac{1}{\phi\sqrt{\phi^2+1}}$，

$\cot 18° = \dfrac{\cos 18°}{\sin 18°} = \sqrt{5+2\sqrt{5}} = \phi\sqrt{\phi^2+1}$

$$\tan 36° = \frac{\sin 36°}{\cos 36°} = \sqrt{5-2\sqrt{5}} = \frac{\sqrt{\phi^2+1}}{\phi^2},$$

$$\cot 36° = \frac{\cos 36°}{\sin 36°} = \sqrt{\frac{5+2\sqrt{5}}{5}} = \frac{\phi^2}{\sqrt{\phi^2+1}}$$

$$\tan 54° = \frac{\sin 54°}{\cos 54°} = \sqrt{\frac{5+2\sqrt{5}}{5}} = \frac{\phi^2}{\sqrt{\phi^2+1}},$$

$$\cot 54° = \frac{\cos 54°}{\sin 54°} = \sqrt{5-2\sqrt{5}} = \frac{\sqrt{\phi^2+1}}{\phi^2}$$

$$\tan 72° = \frac{\sin 72°}{\cos 72°} = \sqrt{5+2\sqrt{5}} = \phi\sqrt{\phi^2+1},$$

$$\cot 72° = \frac{\cos 72°}{\sin 72°} = \sqrt{\frac{5-2\sqrt{5}}{5}} = \frac{1}{\phi\sqrt{\phi^2+1}}$$

(d) $$\frac{\sin 18°}{\sin 36°} = \sqrt{\frac{5-\sqrt{5}}{10}} = \frac{1}{\sqrt{\phi^2+1}},$$

$$\frac{\sin 36°}{\sin 18°} = \sqrt{\frac{5+\sqrt{5}}{2}} = \sqrt{\phi^2+1}$$

$$\frac{\sin 18°}{\sin 54°} = \frac{3-\sqrt{5}}{2} = \frac{1}{\phi^2},$$

$$\frac{\sin 54°}{\sin 18°} = \frac{\sqrt{5}+3}{2} = \phi^2$$

$$\frac{\sin 18°}{\sin 72°} = \sqrt{\frac{5-2\sqrt{5}}{5}} = \frac{1}{\phi\sqrt{\phi^2+1}},$$

$$\frac{\sin 72°}{\sin 18°} = \sqrt{5+2\sqrt{5}} = \phi\sqrt{\phi^2+1}$$

$$\frac{\sin 36°}{\sin 54°} = \sqrt{5-2\sqrt{5}} = \frac{\sqrt{\phi^2+1}}{\phi^2},$$

$$\frac{\sin 54°}{\sin 36°} = \sqrt{\frac{5+2\sqrt{5}}{5}} = \frac{\phi^2}{\sqrt{\phi^2+1}}$$

$$\frac{\sin 36°}{\sin 72°} = \frac{\sqrt{5}-1}{2} = \frac{1}{\phi},$$

$$\frac{\sin 72°}{\sin 36°} = \frac{\sqrt{5}+1}{2} = \phi$$

$$\frac{\sin 54°}{\sin 72°} = \sqrt{\frac{5+\sqrt{5}}{10}} = \frac{\phi}{\sqrt{\phi^2+1}},$$

$$\frac{\sin 72°}{\sin 54°} = \sqrt{\frac{5-\sqrt{5}}{2}} = \frac{\sqrt{\phi^2+1}}{\phi}$$

（e） $\dfrac{\sin 18°}{\cos 36°} = \dfrac{3-\sqrt{5}}{2} = \dfrac{1}{\phi^2},$

$$\frac{\cos 36°}{\sin 18°} = \frac{\sqrt{5}+3}{2} = \phi^2$$

$$\frac{\sin 18°}{\cos 54°} = \sqrt{\frac{5-\sqrt{5}}{10}} = \frac{1}{\sqrt{\phi^2+1}},$$

$$\frac{\cos 54°}{\sin 18°} = \sqrt{\frac{5+\sqrt{5}}{2}} = \sqrt{\phi^2+1}$$

$$\frac{\sin 18°}{\cos 72°} = 1,$$

$$\frac{\cos 72°}{\sin 18°} = 1$$

$$\frac{\sin 36°}{\cos 54°} = 1,$$

$$\frac{\cos 54°}{\sin 36°} = 1$$

$$\frac{\sin 36°}{\cos 72°} = \sqrt{\frac{5+\sqrt{5}}{2}} = \sqrt{\phi^2+1},$$

$$\frac{\cos 72°}{\sin 36°} = \sqrt{\frac{5-\sqrt{5}}{10}} = \frac{1}{\sqrt{\phi^2+1}}$$

$$\frac{\sin 54°}{\cos 72°} = \frac{\sqrt{5}+3}{2} = \phi^2,$$

$$\frac{\cos 72°}{\sin 54°} = \frac{3-\sqrt{5}}{2} = \frac{1}{\phi^2}$$

证明以下各式成立：

$$\pi = 2 \cdot \left(\arctan \frac{1}{\phi^5} + \arctan \phi^5 \right)$$

$$\pi = 6\arctan \frac{1}{\phi} - 2\arctan \frac{1}{\phi^5}$$

证明①：

我们首先使用熟知的关系式：

$$\tan(\delta+\varepsilon) = \frac{\tan\delta+\tan\varepsilon}{1-\tan\delta \cdot \tan\varepsilon}$$

由此得到

$$\tan 2\alpha = \frac{2\tan\alpha}{1-\tan^2\alpha}（其中 \tan^2\alpha \neq 1）$$

如果我们在上面的恒等式中令 $\delta=2\alpha, \varepsilon=\alpha, \alpha=\arctan\dfrac{1}{\phi}$，就得到

$$\tan 3\alpha = \frac{3\tan\alpha-\tan^3\alpha}{1-3\tan^2\alpha} = \frac{3\tan\arctan\dfrac{1}{\phi}-\tan^3\arctan\dfrac{1}{\phi}}{1-3\tan^2\arctan\dfrac{1}{\phi}}$$

$$= \frac{3\dfrac{1}{\phi}-\dfrac{1}{\phi^3}}{1-3\cdot\dfrac{1}{\phi^2}} = \frac{3\cdot\phi^2-1}{\phi(\phi^2-3)} = \frac{3\phi+2}{1-\phi} = -\frac{5\sqrt{5}+11}{2} = -\phi^5$$

由于 $\tan(180°-x) = \tan(\pi-x) = -\tan x$，我们得到

$\phi^5 = -\tan 3\alpha = \tan(\pi-3\alpha)$，也可写成 $\pi-3\alpha = \arctan\phi^5$

---

① Paul S. Bruckman, "A Piece of Pi," *Fibonacci Quarterly* 39, no. 1（2001）：92–93.——
原注

即

$$3\alpha = \pi - \arctan \phi^5 = \pi - \left(\frac{\pi}{2} - \arctan \frac{1}{\phi^5} \right) = \frac{\pi}{2} + \arctan \frac{1}{\phi^5}$$

因此,我们有 $\pi - \arctan \phi^5 = \dfrac{\pi}{2} + \arctan \dfrac{1}{\phi^5}$,两边乘 2,就得到

$$2\pi - 2\arctan \phi^5 = \pi + 2\arctan \frac{1}{\phi^5}$$

在上式两边加上$(-\pi + 2\arctan \phi^5)$,得到

$$\pi = 2 \left(\arctan \frac{1}{\phi^5} + \arctan \phi^5 \right) = 2 \cdot \left(3\arctan \frac{1}{\phi} - \arctan \frac{1}{\phi^5} \right)$$

$$= 6\arctan \frac{1}{\phi} - 2\arctan \frac{1}{\phi^5}$$

第5章

奇趣 1

在等边三角形 ABC 中,长为 s 的每一边都(以相同的方向)分为符合黄金分割的 a 和 b 两段(图 F.7)。其结果是作出了一个边长为 c 的内接等边三角形 DEF。

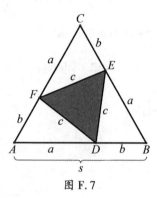

图 F.7

以下是 φ 在这个图形中出现的几个方面:

1. $c = \dfrac{s}{\phi}\sqrt{1 + \dfrac{1}{\phi^2} - \dfrac{1}{\phi}}$

2. $S_{\triangle DEF} = \dfrac{\sqrt{3}\,s^2(\phi^2 - \phi + 1)}{4\phi^4}$

3. 图形中的两个等边三角形的面积之比为

$$\frac{S_{\triangle ABC}}{S_{\triangle DEF}} = \frac{\phi^2}{1 + \dfrac{1}{\phi^2} - \dfrac{1}{\phi}}$$

4. $\triangle ADF$、$\triangle BDE$ 和 $\triangle CEF$ 这三个全等三角形的面积为

$$S_{\triangle ADF} = \frac{\sqrt{3}\,s^2}{4\phi^3}$$

5. 原来的等边三角形 ABC 的面积与三个全等三角形之一的 $\triangle ADF$ 的面积之比为

$$\frac{S_{\triangle ABC}}{S_{\triangle ADF}} = \frac{2}{\phi} + 3$$

6. 较小的等边三角形的面积与三个全等三角形之一的面积之比为

$$\frac{S_{\triangle DEF}}{S_{\triangle ADF}} = \frac{2}{\phi}$$

证明：

1. 我们首先求 $\triangle ABC$ 和 $\triangle DEF$ 的面积：

$$S_{\triangle ABC} = \frac{1}{2}s^2 \cdot \sin 60° = \frac{\sqrt{3}}{2} \cdot \frac{1}{2}s^2 = \frac{\sqrt{3}\,s^2}{4}, S_{\triangle DEF} = \frac{\sqrt{3}\,c^2}{4}$$

$\triangle ADF$、$\triangle BDF$ 和 $\triangle CEF$ 是全等的［根据边角边（SAS）定理］。对 $\triangle ADF$ 应用余弦定理：

$$DF^2 = c^2 = AD^2 + AF^2 - 2AD \cdot AF \cdot \cos 60° = a^2 + b^2 - \frac{1}{2} \cdot 2ab \cdot = a^2 + b^2 - ab$$

我们将原等边三角形的各边分成了黄金分割。因此，

$$\frac{s}{a} = \frac{a}{b} = \phi$$

由此可得

$$c^2 = a^2 + \frac{a^2}{\phi^2} - \frac{a^2}{\phi} = a^2\left(1 + \frac{1}{\phi^2} - \frac{1}{\phi}\right)$$

这就给出了

$$c = a\sqrt{1 + \frac{1}{\phi^2} - \frac{1}{\phi}} = \frac{(\sqrt{10} - \sqrt{2})a}{2}$$

$$= \frac{s}{\phi}\sqrt{1 + \frac{1}{\phi^2} - \frac{1}{\phi}} = \frac{(3\sqrt{2} - \sqrt{10})s}{2}$$

2. $S_{\triangle DEF} = \frac{\sqrt{3}\,c^2}{4} = \frac{\sqrt{3}\,s^2}{4\phi^2}\left(1 + \frac{1}{\phi^2} - \frac{1}{\phi}\right)$

$$= \frac{\sqrt{3}\,s^2(\phi^2 - \phi + 1)}{4\phi^4} = \frac{(7\sqrt{3} - 3\sqrt{15})s^2}{4} \approx 0.126\,351\,403\,5 \cdot s^2$$

3. $\dfrac{S_{\triangle ABC}}{S_{\triangle DEF}} = \dfrac{\dfrac{\sqrt{3}}{4} \cdot s^2}{\dfrac{\sqrt{3}}{4} \cdot c^2} = \left(\dfrac{s}{c}\right)^2 = \left(\dfrac{s}{\sqrt{1 + \dfrac{1}{\phi^2} - \dfrac{1}{\phi}} \cdot \dfrac{s}{\phi}}\right)^2$

$\qquad = \left(\dfrac{\phi}{\sqrt{1 + \dfrac{1}{\phi^2} - \dfrac{1}{\phi}}}\right)^2 = \dfrac{\phi^2}{1 + \dfrac{1}{\phi^2} - \dfrac{1}{\phi}} = \dfrac{3\sqrt{5}+7}{4}$

$\qquad \approx 3.427\,050\,983$

4. $S_{\triangle ADF} = \dfrac{1}{2} \cdot AD \cdot AF \cdot \sin 60° = \dfrac{1}{2} \cdot \dfrac{\sqrt{3}}{2} ab = \dfrac{\sqrt{3}}{4} \cdot \dfrac{a^2}{\phi} = \dfrac{\sqrt{3}}{4\phi} \cdot a^2$

$\qquad = \dfrac{\sqrt{3}}{4\phi} \cdot \dfrac{s^2}{\phi^2} = \dfrac{\sqrt{3}\,s^2}{4\phi^3} = \dfrac{(\sqrt{15}-2\sqrt{3})s^2}{4} \approx 0.102\,220\,432\,8 \cdot s^2$

5. $\dfrac{S_{\triangle ABC}}{S_{\triangle ADF}} = \dfrac{\dfrac{\sqrt{3}}{4}}{\dfrac{\sqrt{15}-2\sqrt{3}}{4}} = \dfrac{\sqrt{3}}{\sqrt{15}-2\sqrt{3}} = \sqrt{5}+2 = \dfrac{2}{\phi}+3 \approx 4.236\,067\,977$

6. $\dfrac{S_{\triangle DEF}}{S_{\triangle ADF}} = \dfrac{\dfrac{7\sqrt{3}-3\sqrt{15}}{4}}{\dfrac{\sqrt{15}-2\sqrt{3}}{4}} = \dfrac{7\sqrt{3}-3\sqrt{15}}{\sqrt{15}-2\sqrt{3}} = \sqrt{5}-1 = \dfrac{2}{\phi}$

$\qquad \approx 1.236\,067\,977$

通过求四个小三角形的面积之和，并证明它等于原等边三角形的面积，就可以检验上述各陈述：

$$S_{\triangle DEF} + 3 \cdot S_{\triangle ADF} = \dfrac{7\sqrt{3}-3\sqrt{15}}{4} \cdot s^2 + 3 \cdot \dfrac{\sqrt{15}-2\sqrt{3}}{4} \cdot s^2 = \dfrac{\sqrt{3}}{4} \cdot s^2$$

$$= S_{\triangle ABC}$$

奇趣 19 中的证明

我们假设三个阴影三角形（图 F.8）的面积相等：$S_{\triangle APD} = S_{\triangle PBQ} = S_{\triangle CDQ}$。

因此，$\dfrac{1}{2} \cdot b(c+d) = \dfrac{1}{2} \cdot ac = \dfrac{1}{2} \cdot (a+b)d$，$b(c+d) = ac = (a+b)d$，由

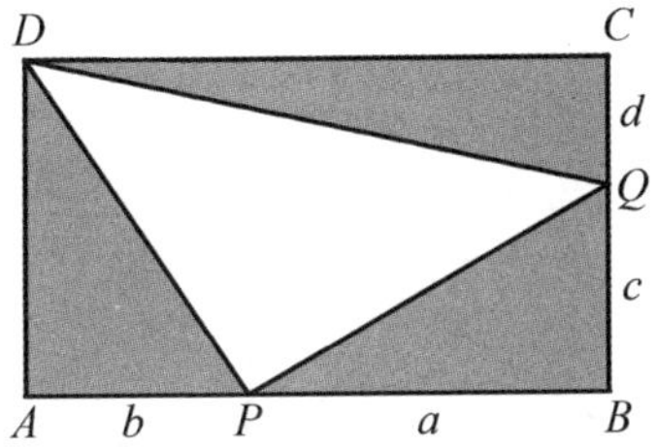

图 F.8

此可得 $bc+bd=ac=ad+bd$。

于是我们得到

$$(a+b):a=c:d$$

$$(c+d):c=a:b$$

由此可得 $(a+b):(c+d)=b:d$ 以及 $bc+bd=ac=ad+bd$，因此 $bc=ad$。也就是说，$a:b=c:d$。

为了我们的目的，把 $a:b=c:d$ 和 $bc+bd=ac$ 分别写成：

$$a=\frac{bc}{d} \text{ 和 } a=\frac{b(c+d)}{c}$$

因此

$$\frac{bc}{d}=\frac{b(c+d)}{c}$$

将上式两边乘 cd，得到 $bc^2=bd(c+d)=bcd+bd^2$，即 $bc^2=bcd+bd^2$。将其除以 b，得到 $c^2=cd+d^2$，即 $c^2-d^2-cd=0$。然后除以 d^2，我们就得到 $\left(\frac{c}{d}\right)^2-\frac{c}{d}-1=0$。黄金分割方程出现了。设 $x=\frac{c}{d}$，我们就得到 $x^2-x-1=0$，其根为：

$$\frac{1}{2}\pm\sqrt{\frac{1}{4}+1}=\frac{1}{2}\pm\sqrt{\frac{5}{4}}=\frac{1\pm\sqrt{5}}{2}$$

当我们关注正根时，得到

$$x=\frac{c}{d}=\frac{\sqrt{5}+1}{2}=\phi$$

因此，$c:d=a:b=(c+d):c=(a+b):a=\phi=\phi:1$，这表明 P 和 Q 分别将 AB 和 BC 分成黄金分割。

奇趣 23 中的作图

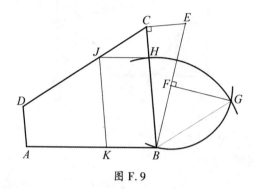

图 F.9

作图步骤如下：

（1）作梯形 $ABCD$，其中 $AD /\!/ BC$，$BC=3AD$。

（2）作 $Rt\triangle BCE$，其中 $CE=AD$，$\angle BCE=90°$。

（3）过 BE 的中点 F 作其垂直平分线，然后标记 G，使 $FG=\dfrac{BE}{2}$。

（4）以 B 为圆心、BG 为半径作一个圆，与 BC 相交于点 H。

（5）最后，作平行四边形 $BHJK$，点 J 位于 CD 上，点 K 位于 AB 上。

于是 K 将线段 AB 分成黄金分割，如图 F.9 所示。这很容易证明，因为对于 $AD=b$ 和 $BC=3b$，我们得到

$$BE=\sqrt{BC^2+CE^2}=\sqrt{10}\,b \quad \text{和}$$

$$BG=\sqrt{BF^2+FG^2}=\sqrt{2BF^2}=\sqrt{2}\cdot\frac{BE}{2}=\sqrt{2}\times\frac{\sqrt{10}\,b}{2}=\sqrt{5}\,b$$

由于

$$JK=\sqrt{\frac{9b^2+b^2}{2}}=\sqrt{\frac{a^2+b^2}{2}}=\sqrt{5}\,b$$

当 $a=3b$ 时，$JK=BH=BG$ 是 a 和 b 的均方根。因此，$AK:BK=\phi:1$。

奇趣 24 中的证明

如图 F.10 所示，给定 $AB=a$，$BC=AD=b$ 和 $CD=c$。根据同一个（内切）圆的各切线之间的关系，我们有 $a+c=b+b=2b$，即 $c=2b-a$。

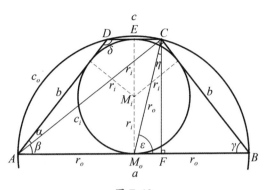

图 F.10

设 $\alpha = \angle CAD$, $\beta = \angle BAC$, $\gamma = \angle ABC$, $\delta = \angle ADC$, $\varepsilon = \angle BM_oC$, 和 $\eta = \angle CM_oE$；E 是 $CD = c$ 的中点。从点 C 作 AB 的垂线 CF。我们得到 $CF = EM_o = 2r_i$，以及内切圆的半径 $r_i = M_iM_o$。此外，$\angle BAD + \angle ADC = \angle ABC + \angle BCD = 180°$。

$\angle ACB$ 内接于一个半圆，因此它是一个直角，于是 $\beta + \gamma = 90°$。我们有等腰三角形 AM_oC，其中 $AM_o = CM_o = r_o$，$\angle M_oAC = \angle ACM_o = \beta$。$\angle CM_oE$ 和 $\angle FCM_o$ 是平行线的内错角，因此它们相等，$\angle CM_oE = \angle FCM_o = \eta$。

于是对于 Rt $\triangle ACF$，有 $\angle FAC + \angle ACF = \angle FAC + \angle ACM_o + \angle M_oCF = 2\beta + \eta = 90°$，即 $\eta = 90° - 2\beta$。

对于 $\triangle ACF$：$\sin \angle BAC = \sin\beta = \dfrac{BC}{AB} = \dfrac{b}{2r_o}$，即 $b = 2r_o \cdot \sin\beta$

对于 $\triangle CEM_o$：$\sin \angle CM_oE = \sin\eta = \dfrac{CE}{CM_o} = \dfrac{c}{2r_o}$，即 $c = 2r_o \cdot \sin\eta$

让我们考虑 $c = 2b - a$，然后代入 b 与 c 的值，就有 $c = 2b - a = 2 \cdot 2r_o\sin\beta - 2r_o = 2r_o \cdot (2\sin\beta - 1)$。在等式的左边，我们有 $c = 2r_o \cdot \sin\eta$。因此 $2r_o \cdot (2\sin\beta - 1) = 2r_o \cdot \sin\eta$。下面化简这一等式：

$2r_o \cdot (2\sin\beta - 1) = 2r_o \cdot \sin\eta = 2r_o \cdot \sin(90° - 2\beta)$　|两边除以 $2r_o$

$2\sin\beta - 1 = \sin(90° - 2\beta)$　|三角函数减法公式①

① 此处需要考虑到这些三角公式：

$\sin(x - y) = \sin x \cdot \cos y - \cos x \cdot \sin y$

（下转下页）

$$= \sin 90° \cdot \cos 2\beta - \cos 90° \cdot \sin 2\beta$$

$$= 1 \cdot \cos 2\beta - 0 \cdot \sin 2\beta$$

$$= \cos 2\beta \qquad\qquad\qquad\qquad |\text{余弦倍角公式}$$

$$= \cos^2\beta - \sin^2\beta \qquad\qquad |\text{毕达哥拉斯定理}$$

$$= 1 - \sin^2\beta - \sin^2\beta$$

$$= 1 - 2\sin^2\beta \qquad\qquad\quad |\text{两边加 } 2\sin^2\beta - 1$$

$$2\sin^2\beta + 2\sin\beta - 2 = 0 \qquad |\text{两边除以 } 2$$

$$\sin^2\beta + \sin\beta - 1 = 0$$

用 $x = \sin\beta$ 代入,就出现那个我们现在已经相当熟悉的方程了,即黄金分割方程: $x^2 + x - 1 = 0$,其唯一可用的根是 $x = \sin\beta = \dfrac{1}{\phi}$。

对于 $\triangle ACM_o$: $\varepsilon = \angle BM_oC$, $\angle AM_oC = AM_oE + CM_oE = 90° + \eta$。

因此, $\varepsilon = 90° - (90° - 2\beta) = 2\beta$,即 $\beta = \dfrac{\varepsilon}{2}$。

为了说明这样做是有用的,请考虑由此得出的: $\sin\dfrac{\varepsilon}{2} = \sin\beta = \dfrac{1}{\phi}$,即

$$\beta = \frac{\varepsilon}{2} \approx 38.17°。$$

$$\sin\varepsilon = \sin 2\beta = 2\sin\beta \cdot \cos\beta = 2\sin\beta \cdot \sqrt{1 - \sin^2\beta} = \frac{2}{\phi} \cdot \sqrt{1 - \frac{1}{\phi^2}} = \frac{2\sqrt{\phi}}{\phi^2}$$

因此, $\varepsilon \approx 76.35°$, $\eta = 90° - 2\beta \approx 13.65°$。

由 $\angle BAD = \angle ABC = \gamma$,我们得到 $\beta + \gamma = 90°$,即 $\gamma = 90° - \beta \approx 51.83°$。

由于 $\alpha + \beta = \gamma$,我们得出 $\angle CAD = \alpha = \gamma - \beta \approx 13.65°$。

我们有两个角, $\angle BCE = \angle ADC = \delta$,于是我们得到 $\gamma + \delta = 180°$,即 $\delta = 180° - \gamma \approx 128.17°$。

对于梯形的各边, $b = a \cdot \sin\beta$, $c = 2M_oF = 2r_o \cdot \sin\eta = a \cdot \sin\eta$,因此,

自然与艺术中的美丽结构 黄金分割

$b = a\sin\beta = \dfrac{a}{\phi}$，或 $c = a \cdot \sin\eta = a \cdot \sin\left(90° - 2\beta\right) = a \cdot \left(1 - 2\sin^2\beta\right) = \dfrac{\phi - 1}{\phi^2}a$。

外接圆半径：$r_o = \dfrac{a}{2}$

内切圆半径：

在 $\triangle ACF$ 中，$\sin\beta = \dfrac{CF}{AC} = \dfrac{EMo}{AC} = \dfrac{2r_i}{AC}$，即 $r_i = \dfrac{1}{2} \cdot AC \cdot \sin\beta = \dfrac{1}{2} \cdot AC \cdot \dfrac{1}{\phi}$

在 $\triangle ABC$ 中，$AC^2 = AB^2 - BC^2 = a^2 - b^2 = a^2 - \left(\dfrac{1}{\phi}a\right)^2 = \dfrac{1}{\phi}a^2$

因此 $AC = \dfrac{u}{\sqrt{\phi}} = \dfrac{a\sqrt{\phi}}{\phi}$

这给出了 $r_i = \dfrac{1}{2} \cdot AC \cdot \dfrac{1}{\phi} = \dfrac{a}{2} \cdot \dfrac{\sqrt{\phi}}{\phi} \cdot \dfrac{1}{\phi} = \dfrac{a\sqrt{\phi}}{2\phi^2}$。

对奇趣 25 的解释

在这里，我们为解答提供一个概述。

如图 F.11 所示，首先作一个平行于底面 $ABCD$ 的辅助平面 $EFGH$。棱锥的高 KS 通过矩形 $EFGH$ 的两条对角线的交点。我们设 $AD = BC = a$，$AB = CD = b$，$AS = l$。此外，$KS = h$。存在一个值 $q(0 < q < 1)$ 使得 $ES = FS = ql$，$EF = GH = q \cdot a$，$LS = q \cdot h$，$AE = DF = (1 - q)l$，$KL = (1 - q)h$。我们于是得到 $4h^2 + b^2 = 4l^2 - a^2$。

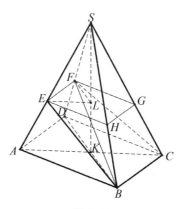

图 F.11

对于棱锥 *BCDF*：体积 $=\dfrac{1}{3} \cdot \dfrac{ab}{2} \cdot (1-q)h$

对于棱锥 *ADFEB*：体积 $=\dfrac{1}{3} \cdot \dfrac{1-q^2}{2} \cdot abh$

当我们将这两个体积相加时，就得到了这个图形的下半部（*ABC-DEF*）。

$$\frac{1}{3} \cdot \frac{ab}{2} \cdot (1-q)h+\frac{1}{3} \cdot \frac{1-q^2}{2} \cdot abh=\frac{1}{6} \cdot (2-q-q^2) \cdot abh$$

我们希望这个体积是整个图形体积的一半，因此就可列出：

$$\frac{1}{6} \cdot (2-q-q^2) \cdot abh=\frac{1}{2} \cdot \frac{1}{3} \cdot abh，即\ 2-q-q^2=1$$

这就相当于 $q^2+q-1=0$，其正根是我们现在已经熟悉的 $\dfrac{1}{\phi}$。这确定了点 *E* 和点 *F* 分别将棱锥的边 *AS* 和 *DS* 分成黄金分割。

$$AS=l，AE=DF=(1-q)l=\left(1-\frac{1}{\phi}\right)l，ES=FS=ql=\frac{1}{\phi}l$$

因此，$\dfrac{AS}{ES}=\dfrac{l}{\dfrac{1}{\phi}l}=\phi，\dfrac{ES}{AE}=\dfrac{\dfrac{1}{\phi}l}{\left(1-\dfrac{1}{\phi}\right)l}=\dfrac{1}{\phi-1}=\phi。$

第6章

实数 λ 确定的发散角与可见螺线(接触斜列线)数量之间的联系

渐近分数 $\dfrac{P_k}{Q_k}$ 是 λ 的最佳有理数逼近,也就是说,所有分母小于 $Q_{k+1}-$ 1 的分数对 λ 的逼近都不如 $\dfrac{P_k}{Q_k}$ (拉格朗日定理)。[1] 在黄金角度的情况下,拉格朗日定理可以用一种基础的方式加以证明。[2]

假设我们将分数 $\dfrac{y}{x}$ 表示为基本网格 $\mathbf{Z} \times \mathbf{Z}$ 中的点 (x,y),于是我们就得到了克莱因对连分数展开的以下几何解释。[3] 具有整数坐标的点,若它们比之前的点更靠近一条直线(这条直线在基本点阵 $\mathbf{Z} \times \mathbf{Z}$ 的一个有限带 $[0,x] \times \mathbf{R}$ 中具有斜率 λ),那么这些整数坐标的点本质上是具有渐近分数坐标 (Q_k, P_k) 的点(图 F.12)。

各渐近分数 $\dfrac{P_k}{Q_k}$ 也是 λ 的最佳有理数逼近,因此 $\lambda \cdot Q_k \approx P_k$,并且角度 $\alpha_k = \alpha \cdot Q_k - 360° \cdot P_k$ 的值小于一切 $\alpha_n = \alpha \cdot n - 360° \cdot m$,其中 $n < Q_{k+1} - 1$。由沃格尔模型所生成的点的径向分量 $r_n = \sqrt{n}$ 的附加生长率 $\triangle r_n = r_{n+1} - r_n$ 单调递减。因此,存在一个区域(见图 F.13),其中点 $X(Q_k)$ 的下一个相邻点是点 $X(2Q_k)$,而且点 $X(Q_k+1)$ 后面跟着点 $X(2Q_k+1)$,以此类推。

---

[1] Joseph—Louis de Lagrange (1736–1813).
另请参见 K. H. Rosen, *Elementary Number Theory and Its Applications* (Menlo Park, CA: Addison—Wesley, 1988). ——原注

[2] K. Ball, *Strange Curves, Counting Rabbits and Other Mathematical Explorations* (Princeton, NJ: Princeton, University Press, 2006). ——原注

[3] Felix Klein, *Ausgewählte Kapitel der Zahlentheorie*, vol. 1 (Leipzig: Teubner, 1907). ——原注
克莱因(Felix Klein, 1849—1925),德国数学家,主要研究领域是非欧几何、群论和函数论,对应用力学的发展也有贡献。他著有《高观点下的初等数学》(*Elementarmathematik vom höheren Standpunkte aus*),旨在为中学教师普及高等数学。此书中译本由华东师范大学出版社于 2020 年出版。——译注

这样,就生成了具有相同旋转方向的 Q_k 螺线以及螺线上各点的指标的等差级数。①

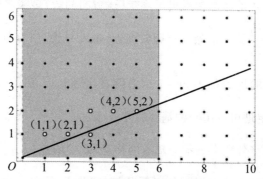

图 F.12 标记了直线 $y=\lambda x$ 的基本网格 **Z×Z**,其中 $\lambda = 2-\phi \approx 0.381\,966$。在灰色区域中存在格点$(5,2)$,这是最接近该直线的点

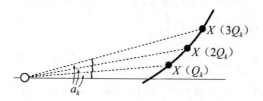

图 F.13 斜列线的开端

自然与艺术中的美丽结构

黄金分割

① K. Azukawa and T. Yuzawa, "A Remark of the Continued Fraction Expansion of Conjugates of the Golden Section," *Mathematics Journal of Toyama University* 13 (1990): 165-176. ——原注